Michael Sieber

Prüfungstraining Kaufmann/Kauffrau für Bürokommunikation

1. Auflage

Bestellnummer 87400

Bildungsverlag EINS

Haben Sie Anregungen oder Kritikpunkte zu diesem Produkt?
Dann senden Sie eine E-Mail an 87400_001@bv-1.de
Autoren und Verlag freuen sich auf Ihre Rückmeldung.

Die in diesem Produkt gemachten Angaben zu Unternehmen (Namen, Internet- und E-Mail-Adressen, Handelsregistereintragungen, Kontonummern, Steuer-, Telefon- und Faxnummern und alle weiteren Angaben) sind i. d. R. fiktiv, d. h., sie stehen in keinem Zusammenhang mit einem real existierenden Unternehmen in der dargestellten oder einer ähnlichen Form. Dies gilt auch für alle Kunden, Lieferanten und sonstigen Geschäftspartner der Unternehmen wie z. B. Kreditinstitute, Versicherungsunternehmen und andere Dienstleistungsunternehmen. Ausschließlich zum Zwecke der Authentizität werden die Namen real existierender Unternehmen und z. B. im Fall von Kreditinstituten auch deren Bankleitzahlen, IBAN- und Swift-Codes verwendet.

www.bildungsverlag1.de

Bildungsverlag EINS GmbH
Hansestraße 115, 51149 Köln

ISBN 978-3-427-87400-3

Vorwort

Die gestiegenen Anforderungen der Arbeitswelt spiegeln sich immer häufiger in den Prüfungsanforderungen wider. Neben einem fundierten Fachwissen werden verstärkt Fähigkeiten zum „selbstständigen Denken und Handeln" verlangt. Zielsetzung der Handlungsorientierung ist die Förderung der beruflichen Handlungsfähigkeit, d. h. das Durchdringen komplexer Aufgabenstellungen. Das vorliegende Buch bietet für den Ausbildungsberuf „Kaufmann/-frau für Bürokommunikation" eine **zielgerichtete Vorbereitung auf die Prüfungsinhalte und die Fragetechniken der Abschlussprüfung**. Es entspricht der aktuellen Prüfungsordnung und basiert auf dem neuen Prüfungskatalog für Kaufleute für Bürokommunikation.

Für die drei Prüfungsfächer Betriebslehre, Bürowirtschaft sowie Wirtschafts- und Sozialkunde wurden jeweils **5 Probeklausuren** zusammengestellt. **Jede Klausur entspricht** in der Art der Aufgabenstellungen, dem Umfang der Aufgaben und der Gewichtung der einzelnen Themenbereiche **den Anforderungen der Abschlussprüfung**. Die thematische Zusammensetzung der Abschlussprüfungsklausur wird für jedes Prüfungsfach im Detail dargestellt. Wie auch in den Kammerprüfungen liegt allen Probeklausuren ein **Modellunternehmen** zugrunde, auf das sich die Mehrzahl der Fragen beziehen. Es handelt sich um die BüKo GmbH, einem Unternehmen, das Büromöbel herstellt und Büroeinrichtungs- und Kommunikationssysteme vertreibt.

Die einzelnen Aufgaben wurden in den Probeklausuren so gekennzeichnet, dass sie einem Themenbereich zugeordnet werden können (Großbuchstaben). Dadurch können bei Bedarf auch gezielt Aufgaben einzelner Themenfelder ausgewählt und so gezielt geübt werden. Neben den **Lösungen bzw. Lösungserläuterungen** bietet das Buch auch eine genaue **Anleitung zur Auswertung der bearbeiteten Klausuren**. So lässt sich eine zehntelgenaue fiktive Abschlussnote ermitteln. Werden die Klausuren also durchgearbeitet und ausgewertet, ermöglicht dies eine **realistische** und exakte **Einschätzung des eigenen Leistungsstandes**. Durch ein **ausführliches Sachwortverzeichnis**, das ein schnelles Auffinden der Aufgaben zu speziellen Einzelthemen ermöglicht, lässt sich das Buch auch als Nachschlagewerk nutzen.

Verfasser und Verlag wünschen Ihnen nicht nur viel Freude und Erfolg beim Arbeiten mit diesem Buch, sondern auch die gewünschten Prüfungsergebnisse!

Bayreuth, im Herbst 2012

Michael Sieber

Inhaltsverzeichnis

Struktur der Prüfung

Prüfungsfach	Dauer (in Min.)	Aufgabentyp	Inhalte
Betriebslehre	90	gebunden (maschinell auswertbar)	A. Bereichsbezogenes Rechnungswesen B. Bereichsbezogene Personalverwaltung
Bürowirtschaft	60	ungebunden (offene Fragen)	A. Organisation und Leistungen • Leistungserstellung und -verwertung (Beschaffung, Produktion, Absatz) • Betriebliche Organisation B. Bürowirtschaft und Statistik • Organisation des Arbeitsplatzes • Bürowirtschaftliche Abläufe (z. B. Postbearbeitung, Terminplanung und -überwachung) C. Bürokommunikationstechniken • Arbeitsmittel und Kommunikationswege • Datenschutz und Datensicherung D. Assistenz- und Sekretariatsaufgaben • Kommunikation und Kooperation im Büro • Organisationsaufgaben (z. B. Organisation von Veranstaltungen) • Personalverwaltung als Assistenzaufgabe
Wirtschafts- und Sozialkunde	60	gebunden (maschinell auswertbar)	A. Wirtschaftliche Grundlagen B. Rechtliche Grundlagen C. Mitarbeiter im Betrieb D. Einflussnahme des Staates auf das Wirtschaftsleben
Informationsverarbeitung	105	praktische Prüfung am PC	Praxisbezogene Aufgaben a) zur Textformulierung und -gestaltung, formgerechten Briefgestaltung (i. d. R. mit Word) und b) zur Aufbereitung und Darstellung statistischer Daten (i. d. R. mit Excel)
Auftragsbearbeitung und Büroorganisation	45 (einschl. Einlesezeit)	mündliche Prüfung	Der Prüfling soll eine von zwei ihm zur Wahl gestellten, praxisbezogenen Aufgaben (Situationsaufgaben, Fallbeispiele o. Ä.) bearbeiten. Die gewählte Aufgabe ist Grundlage für das Prüfungsgespräch.

Bewertung der Prüfungsleistungen

Bei der Ermittlung des Ergebnisses der praktischen Prüfung hat das Prüfungsfach Auftragsbearbeitung und Büroorganisation das doppelte Gewicht gegenüber dem Fach Informationsverarbeitung. Bei der Ermittlung des Gesamtergebnisses haben schriftliche und praktische Prüfung das gleiche Gewicht.

In jedem der fünf Prüfungsfächer sind höchstens 100 Punkte zu erreichen. Dabei gilt der folgende Notenschlüssel:

100 – 92 Punkte	Note 1 (sehr gut)
unter 92 – 81 Punkte	Note 2 (gut)
unter 81 – 67 Punkte	Note 3 (befriedigend)
unter 67 – 50 Punkte	Note 4 (ausreichend)
unter 50 – 30 Punkte	Note 5 (mangelhaft)
unter 30 – 0 Punkte	Note 6 (ungenügend)

Die Prüfung gilt als bestanden, wenn

1. die Leistungen in den Prüfungsfächern Informationsverarbeitung und Auftragsbearbeitung und Büroorganisation (praktische Prüfung) im Durchschnitt mindestens ausreichend sind (das Prüfungsfach Auftragsbearbeitung und Büroorganisation hat dabei doppeltes Gewicht) **und**
2. die Leistungen in den Fächern Betriebslehre, Bürowirtschaft und Wirtschafts- und Sozialkunde (schriftliche Prüfung) im Durchschnitt mindestens ausreichend sind **und**
3. die Leistungen in mindestens zwei der drei Prüfungsfächer Betriebslehre, Bürowirtschaft und Wirtschafts- und Sozialkunde ausreichend sind **und**
4. die Leistungen in keinem der fünf Prüfungsfächer mit ungenügend bewertet wurden.

Ein Antrag auf Zulassung zur mündlichen **Ergänzungsprüfung** kann bei Vorliegen folgender Voraussetzungen gestellt werden:

Sind in der schriftlichen Prüfung die **Prüfungsleistungen in bis zu zwei Fächern** mit **mangelhaft** und den übrigen Fächern mindestens ausreichend bewertet worden, so ist – auf Antrag des Prüflings oder nach Ermessen des Prüfungsausschusses – in einem der mit mangelhaft bewerteten Fächer die schriftliche Prüfung durch eine **mündliche Prüfung von etwa 15 Minuten** zu ergänzen, wenn diese für das Bestehen der Prüfung den Ausschlag geben kann.

Bei der Ermittlung des Ergebnisses für dieses Prüfungsfach haben die Ergebnisse der schriftlichen Arbeit gegenüber der mündlichen Ergänzungsprüfung doppeltes Gewicht.

Beispiel:

Schriftliches Prüfungsergebnis im Fach Betriebslehre: 45 Punkte

Mündliche Ergänzungsprüfung im Fach Betriebslehre: 55 Punkte

Gesamtergebnis im Fach Betriebslehre: $\frac{45 \cdot 2 + 55}{3} = 48$ Punkte

→ Nicht bestanden!

Schriftliches Prüfungsergebnis im Fach Betriebslehre: 45 Punkte

Mündliche Ergänzungsprüfung im Fach Betriebslehre: 60 Punkte

Gesamtergebnis im Fach Betriebslehre: $\frac{45 \cdot 2 + 60}{3} = 50$ Punkte

→ Bestanden!

Betriebslehre

Grundlegendes zum Prüfungsfach

Im Prüfungsfach Betriebslehre soll der Prüfling in einer 90-minütigen schriftlichen Prüfung praxisbezogene Aufgaben oder Fälle aus dem Gebiet des bereichsbezogenen Rechnungswesens sowie der bereichsbezogenen Personalverwaltung bearbeiten und dabei zeigen, dass er grundlegende Fertigkeiten und Kenntnisse erworben hat.

Der typische Prüfungsaufbau besteht aus vier Themenbereichen, die in unterschiedlichem Umfang abgeprüft werden:

Inhalte/Themengebiete	Anteil in %
A. Bereichsbezogenes Rechnungswesen	ca. 50
B. Bereichsbezogene Personalverwaltung	ca. 50

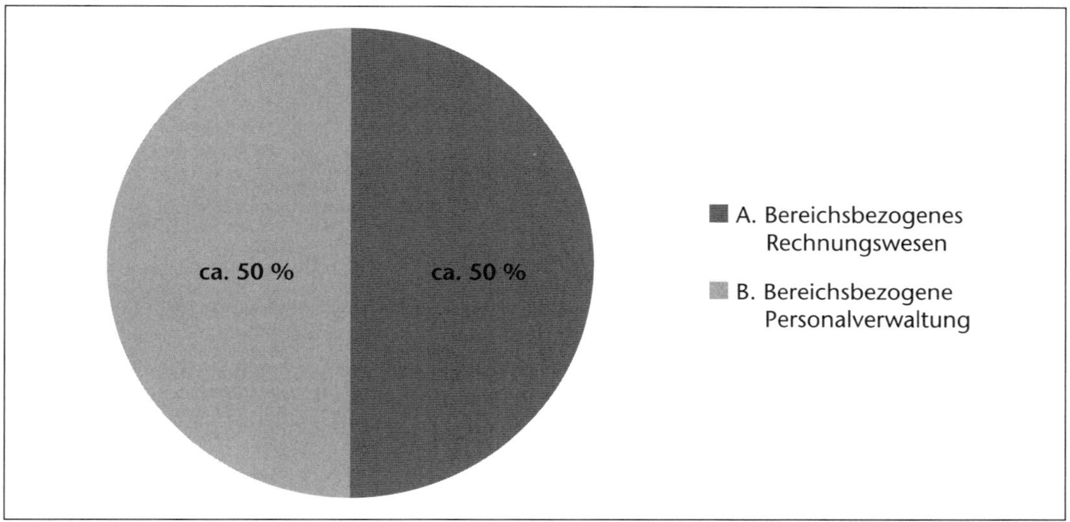

Die einzelnen Aufgaben wurden in den Probeklausuren so gekennzeichnet, dass sie einem Themenbereich zugeordnet werden können (Großbuchstaben unter den Aufgabennummern). In der Abschlussprüfung im Fach Betriebslehre sind insgesamt 100 Punkte zu erreichen. Bei 32 Aufgaben wird jede Aufgabe mit 3,125 Punkten $\left(\frac{100}{32}\right)$ bewertet.

Auszug aus dem Kontenplan der BüKo GmbH

Kontenklasse 0 – Anlagevermögen: Immaterielle Vermögensgegenstände und Sachanlagen

00 Ausstehende Einlagen

Immaterielle Vermögensgegenstände

02 Konzessionen, gewerbliche Schutzrechte, Lizenzen

03 Geschäfts- oder Firmenwert
Sachanlagen

05 Grundstücke, grundstücksgleiche Rechte und Bauten einschließlich der Bauten auf fremden Grundstücken
- 0500 Unbebaute Grundstücke
- 0510 Bebaute Grundstücke
- 0530 Betriebsgebäude
- 0540 Verwaltungsgebäude
- 0550 Andere Bauten
- 0560 Grundstückseinrichtungen
- 0570 Gebäudeeinrichtungen
- 0590 Wohngebäude

07 Technische Anlagen und Maschinen
- 0700 Technische Anlagen und Maschinen
- 0740 Anlagen für Arbeitssicherheit und Umweltschutz
- 0750 Transportanlagen und ähnliche Betriebsvorrichtungen
- 0760 Verpackungsanlagen und -maschinen
- 0770 Sonstige Anlagen und Maschinen
- 0790 Sammelposten Anlagen und Maschinen (Wirtschaftsgüter ab 150,00 EUR bis 1.000,00 EUR)

08 Andere Anlagen, Betriebs- und Geschäftsausstattung
- 0800 Andere Anlagen
- 0810 Werkstätteneinrichtung
- 0820 Werkzeuge, Werksgeräte und Modelle, Prüf- und Messmittel
- 0830 Lager- und Transporteinrichtungen
- 0840 Fuhrpark
- 0860 Büromaschinen, Organisationsmittel und Kommunikationsanlage
- 0870 Büromöbel und sonstige Geschäftsausstattung
- 0890 Sammelposten der Betriebs- und Geschäftsausstattung (Wirtschaftsgüter ab 150,00 EUR bis 1.000,00 EUR)

09 Geleistete Anzahlungen u. Anlag. im Bau
- 0900 Geleistete Anzahlungen auf Sachanlagen
- 0950 Anlagen im Bau

Kontenklasse 1 – Anlagevermögen: Finanzanlagen

Finanzanlagen

10 Finanzanlagen

11 Anteile an verbundenen Unternehmen

12 Ausleihungen an verbundene Unternehmen

13 Beteiligungen
- 1300 Beteiligungen

15 Wertpapiere des Anlagevermögens
- 1500 Stammaktien
- 1590 Sonstige Wertpapiere

16 Sonstige Finanzanlagen

Kontenklasse 2 – Umlaufvermögen und aktive Rechnungsabgrenzung

Vorräte

20 Roh-, Hilfs- und Betriebsstoffe
- 2000 Rohstoffe/Fertigungsmaterial
- 2010 Vorprodukte/Fremdbauteile
- 2020 Hilfsstoffe
- 2030 Betriebsstoffe
- 2040 Verpackungsmaterial
- 2070 Sonstiges Material

21 Unfert. Erzeugnisse, unfert. Leistungen
- 2100 Unfertige Erzeugnisse
- 2190 Unfertige Leistungen

22 Fertige Erzeugnisse und Waren
- 2200 Fertige Erzeugnisse
- 2280 Waren (Handelswaren)

23 Geleistete Anzahlungen auf Vorräte
- 2300 Geleistete Anzahlungen

Forderungen und Sonstige Vermögensgegenstände

24 Forderungen aus LL.
- 2401 Hans Hase OHG, Hamburg
- 2402 Leuchter GmbH, Nürnberg
- 2403 Küchenland GmbH, Nürnberg
- 2404 Lux KG, München
- 2405 Meier & Partner KG, Frankfurt
- 2406 Lumen GmbH, Würzburg
- 2407 Elektrogroßhandel Sommer, Bielefeld
- 2408 Küchenmeister GmbH, Köln
- 2470 Zweifelhafte Forderungen
- 2499 Sonstige Kunden

26 Sonstige Vermögensgegenstände
- 2600 Vorsteuer (voller Steuersatz)
- 2610 Vorsteuer (ermäßigter Steuersatz)
- 2630 Sonstige Forderungen an Finanzbehörden
- 2640 SV-Beitragsvorauszahlung
- 2650 Forderungen an Mitarbeiter
- 2690 Sonstige Forderungen (Jahresabgrenzung)

27 Wertpapiere des Umlaufvermögens
- 2700 Wertpapiere des Umlaufvermögens

28 Flüssige Mittel
- 2800 Guthaben bei Kreditinstituten (Bank)
- 2850 Postbankguthaben
- 2860 Schecks
- 2880 Kasse
- 2890 Nebenkassen

29 Aktive Rechnungsabgrenzung (ARA)
- 2900 Aktive Jahresabgrenzung

Kontenklasse 3 – Eigenkapital und Rückstellungen

Eigenkapital

30 Eigenkapital bei Personengesellschaften
- 3000 Kapital
- 3001 Privatkonto
- 3070 Kommanditkapital
- 3080 Kommanditkapital

Kontenklasse 3 – Eigenkapital und Rückstellungen

31 Kapitalrücklage

32 Gewinnrücklagen
- 3210 Gesetzliche Rücklagen
- 3230 Satzungsmäßige Rücklagen
- 3240 Andere Gewinnrücklagen

33 Ergebnisverwendung
34 Jahresüberschuss/Jahresfehlbetrag
36 Wertberichtigungen

Rückstellungen

37 Rückstellungen für Pensionen und ähnliche Verpflichtungen
- 3700 Rückstellungen für Pensionen und ähnliche Verpflichtungen

38 Steuerrückstellungen
- 3800 Steuerrückstellungen

39 Sonstige Rückstellungen
- 3910 - für Gewährleistungen
- 3920 - für Rechts- und Beratungskosten
- 3930 - für andere ungewisse Verbindlichkeiten
- 3990 - für andere Aufwendungen

Kontenklasse 4 – Verbindlichkeiten und passive Rechnungsabgrenzung

Verbindlichkeiten

41 Anleihen

42 Verbindlichkeiten gegenüber Kreditinstituten
- 4200 Kurzfristige Bankverbindlichkeiten
- 4250 Langfristige Bankverbindlichkeiten

43 Erhaltene Anzahlungen auf Bestellungen
- 4300 Erhaltene Anzahlungen auf Bestellungen

44 Verbindlichkeiten aus LL.
- 4401 Spedition Oli Phant, Hannover
- 4402 CompTech GmbH, Hannover
- 4403 Lichttechnik GmbH, Nürnberg
- 4404 Nanno Druck Bert Wenzel e.K., Seelze
- 4405 Bürobedarf Ulrich GmbH, Hannover
- 4406 Wiedemann e. K., Bayreuth
- 4407 Karl Krux KG, Kulmbach
- 4408 Fränkische Holzhandelsgesellschaft, Nürnberg
- 4409 Vera Stürmer KG, Aschaffenburg
- 4499 Sonstige Lieferanten und Dienstleister

45 Wechselverbindlichkeiten
- 4550 Schuldwechsel

48 Sonstige Verbindlichkeiten
- 4800 Umsatzsteuer (voller Steuersatz)
- 4810 Umsatzsteuer (ermäßigter Steuersatz)
- 4830 Verbindlichkeiten gegenüber Finanzbehörden
- 4840 Verbindlichkeiten gegenüber Sozialversicherungsträgern
- 4850 Verbindlichkeiten gegenüber Mitarbeitern
- 4860 Verbindlichkeiten aus vermögenswirksamen Leistungen
- 4870 Verbindlichkeiten gegenüber Gesellschaftern
- 4880 Sonstige Steuerverbindlichkeiten
- 4890 Sonstige Verbindlichkeiten (Jahresabgrenzung)

49 Passive Rechnungsabgrenzung (PRA)
- 4900 Passive Rechnungsabgrenzung

Kontenklasse 5 – Umsatzerlöse und sonstige Erträge

50 Umsatzerlöse für eigene Erzeugnisse und andere Leistungen
- 5000 Umsatzerlöse für eigene Erzeugnisse
  - 5001 Erlösberichtigungen

51 Umsatzerlöse für Handelswaren
- 5100 Umsatzerlöse für Handelswaren
  - 5101 Erlösberichtigungen

52 Erhöhung oder Verminderung des Bestandes an unfertigen/fertigen Erzeugnissen und Handelswaren
- 5200 Bestandsveränderungen
  - 5201 Bestandsveränderungen an Unfertigen Erzeugnissen
  - 5202 Bestandsveränderung an Fertigen Erzeugnissen
  - 5203 Bestandsveränderungen an Handelswaren

53 Andere aktivierte Eigenleistungen

54 Sonstige betriebliche Erträge
- 5400 Nebenerlöse
  - 5401 - aus Vermietung und Verpachtung
  - 5403 - aus Werksküche und Kantine
  - 5409 Sonstige Nebenerlöse
- 5410 Sonstige Erlöse
  - 5411 Provisionserlöse
  - 5412 Lizenzerlöse
- 5420 Entnahme (Eigenverbrauch)
  - 5421 Entnahme von Gegenständen
  - 5422 Entnahme von sonstigen Leistungen
- 5460 Erträge aus dem Abgang von Vermögensgegenständen (Nettoerlös: Erlös – Buchwert)
- 5480 Erträge aus der Auflösung von Rückstellungen
- 5490 Periodenfremde Erträge

55 Erträge aus Beteiligungen

56 Erträge aus anderen Finanzanlagen

57 Sonstige Zinsen und ähnliche Erträge
- 5710 Zinserträge
- 5730 Diskonterträge
- 5780 Erträge aus Wertpapieren des Umlaufvermögens
- 5790 Sonstige zinsähnliche Erträge

58 Außerordentliche Erträge

Kontenklasse 8 – Ergebnisrechnungen

80 Eröffnung/Abschluss
- 8000 Eröffnungsbilanzkonto (EBK)
- 8010 Schlussbilanzkonto (SBK)
- 8020 Gewinn- und Verlustkonto (GuV)

Kontenklasse 9 – Kosten- und Leistungsrechnung

In der Praxis wird die Kosten- und Leistungsrechnung gewöhnlich tabellarisch durchgeführt.

Kontenklasse 6 – Betriebliche Aufwendungen

Materialaufwand

60 Aufwendungen für Roh-, Hilfs- und Betriebsstoffe und für bezogene Waren
- 6000 Aufwendungen für Rohstoffe/Fertigungsmaterial
  - 6001 Bezugskosten
  - 6002 Nachlässe
- 6010 Aufwendungen für Vorprodukte/Fremdbauteile
  - 6011 Bezugskosten
  - 6012 Nachlässe
- 6020 Aufwendungen für Hilfsstoffe
  - 6021 Bezugskosten
  - 6022 Nachlässe
- 6030 Aufwendungen für Betriebsstoffe
  - 6031 Bezugskosten
  - 6032 Nachlässe
- 6040 Aufwendungen für Verpackungsmaterial
  - 6041 Bezugskosten
  - 6042 Nachlässe
- 6050 Aufwendungen für Energie
- 6060 Aufwendungen für Reparaturmaterial
- 6070 Aufwendungen für sonstiges Material
- 6080 Aufwendungen für (Handels-)Waren
  - 6081 Bezugskosten
  - 6082 Nachlässe

61 Aufwendungen für bezogene Leistungen
- 6100 Fremdleistungen für Erzeugnisse und andere Umsatzleistungen
- 6140 Ausgangsfrachten und Nebenkosten (Fremdlager)
- 6150 Vertriebsprovision
- 6160 Fremdinstandhaltung
- 6170 Sonstige Aufwendungen für bezogene Leistungen

Personalaufwand

62 Löhne
- 6200 Löhne
- 6220 Sonstige tarifliche oder vertragliche Aufwendungen
- 6230 Freiwillige Zuwendungen
- 6250 Sachbezüge

63 Gehälter
- 6300 Gehälter
- 6320 Sonstige tarifliche oder vertragliche Aufwendungen
- 6330 Freiwillige Zuwendungen
- 6350 Sachbezüge

64 Soziale Abgaben und Aufwendungen für Altersversorgung und für Unterstützung
- 6400 Arbeitgeberanteil zur Sozialversicherung (Lohnbereich)
- 6410 Arbeitgeberanteil zur Sozialversicherung (Gehaltsbereich)
- 6420 Beiträge zur Berufsgenossenschaft
- 6440 Aufwendungen für Altersversorgung
- 6490 Aufwendungen für Unterstützung

Abschreibungen auf Anlagevermögen

65 Abschreibungen
- 6510 Abschreibung auf immaterielle Vermögensgegenstände des Anlagevermögens
- 6520 Abschreibungen auf Sachanlagen
- 6540 Abschreibungen auf Sammelposten (Wirtschaftsgüter ab 150,00 EUR bis 1.000,00 EUR)
- 6550 Außerplanmäßige Abschreibungen auf Sachanlagen

Sonstige betriebliche Aufwendungen

66 Sonstige Personalaufwendungen
- 6600 Aufwendungen für Personaleinstellung
- 6610 Aufwendungen für Fahrtkosten
- 6640 Aufwendungen für Fort- und Weiterbildung
- 6650 Aufwendungen für Dienstjubiläen
- 6660 Aufwendungen für Belegschaftsveranstaltungen
- 6670 Aufwendungen für Werksküche und Sozialeinrichtungen
- 6690 Sonstige Personalaufwendungen

Kontenklasse 6 – Betriebliche Aufwendungen

67 Aufwendungen für die Inanspruchnahme von Rechten und Diensten
- 6700 Mieten, Pachten
- 6710 Leasing
- 6720 Lizenzen und Konzessionen
- 6730 Gebühren
- 6750 Kosten des Geldverkehrs
- 6760 Provisionsaufwendungen (außer Vertriebsprovision)
- 6770 Rechts- und Beratungskosten

68 Aufwendungen für Kommunikation (Dokumentation, Information u. Reisen)
- 6800 Büromaterial
- 6810 Zeitungen und Fachliteratur
- 6820 Post, Telefon
- 6821 Postgebühren
- 6822 Telefon
- 6850 Reisekosten
- 6860 Bewirtung und Präsentation
- 6870 Werbung
- 6880 Spenden
- 6890 Sonstige Aufwendungen für Kommunikation

69 Aufwendungen für Beiträge und Sonstiges sowie Wertkorrekturen und periodenfremde Aufwendungen
- 6900 Versicherungsbeiträge
- 6920 Beiträge zu Wirtschaftsverbänden und Berufsvertretungen
- 6930 Verluste aus Schadensfällen
- 6950 Abschreibungen auf Forderungen
- 6951 Abschreibungen auf Forderungen
- 6960 Verluste aus dem Abgang von Vermögensgegenständen
- 6990 Periodenfremde Aufwendungen

Kontenklasse 7 – Weitere Aufwendungen

70 Betriebliche Steuern
- 7020 Grundsteuer
- 7030 Kraftfahrzeugsteuer
- 7070 Ausfuhrzölle
- 7080 Verbrauchsteuer
- 7090 Sonstige betriebliche Steuern

74 Abschreibungen auf Finanzanlagen und auf Wertpapiere des Umlaufvermögens
- 7400 Abschreibungen auf Finanzanlagen
- 7410 Abschreibungen auf Wertpapiere des Umlaufvermögens
- 7450 Verluste aus dem Abgang von Finanzanlagen
- 7460 Verluste aus dem Abgang von Wertpapieren des Umlaufvermögens

75 Zinsen und ähnliche Aufwendungen
- 7510 Zinsaufwendungen
- 7530 Diskontaufwendungen
- 7590 Sonstige zinsähnliche Aufwendungen

76 Außerordentliche Aufwendungen
- 7600 Außerordentliche Aufwendungen

77 Steuern vom Einkommen und Ertrag
- 7700 Gewerbesteuer
- 7710 Körperschaftsteuer (bei Kapitalgesellschaften)
- 7720 Kapitalertragsteuer (bei Kapitalgesellschaften)

32 Aufgaben, 90 Minuten Prüfungszeit, 100 Punkte

Bearbeitungshinweise :

1. Bevor Sie mit der Bearbeitung der Aufgabe beginnen, **überprüfen Sie** bitte die **Vollständigkeit** dieses Aufgabensatzes. Die Anzahl der zu bearbeitenden Aufgaben und die Anlagen (z. B. Belegsatz) sind auf dem Deckblatt links angegeben. Wenden Sie sich bei Unstimmigkeiten sofort an die Aufsicht. Reklamationen nach Schluss der Prüfung können nicht anerkannt werden.
2. Diesem Aufgabensatz liegt ein **Lösungsbogen** zur Eintragung der Lösungen bei. **Füllen Sie** als Erstes **die Kopfleiste aus**. Tragen Sie Ihren Namen, Vornamen und die Prüfungsnummer ein. Verwenden Sie nur einen **Kugelschreiber**, drücken Sie dabei kräftig auf und **schreiben Sie deutlich** und **gut lesbar**. Eine nicht eindeutig zuzuordnende oder **unleserliche Lösung** wird als falsch gewertet. Beachten Sie, dass ausschließlich Ihre Eintragungen im Lösungsbogen **Grundlage der Bewertung** sind.
3. Verwenden Sie den **Lösungsbogen nicht als Schreibunterlage** und kontrollieren Sie vor dem Abgeben des Lösungsbogens, ob Ihre Eintragungen auf der Durchschrift deutlich erscheinen (auch in der Kopfleiste).
4. Die **Aufgaben** können in **beliebiger Reihenfolge** gelöst werden. Bei zusammenhängenden Aufgaben mit gemeinsamer Situationsvorgabe sollten Sie sich jedoch an die vorgegebene Reihenfolge halten.
5. Die Lösungskästchen für die auf einer Seite abgedruckten Aufgaben sind auf dem Lösungsbogen jeweils in einer Zeile angeordnet. Tragen Sie in die durch die Aufgaben-Nummern entsprechend gekennzeichneten **Lösungskästchen** die Kennziffern der **richtigen Antworten** bzw. bei Offen-Antwort-Aufgaben die Lösungen, zumeist Lösungsbeträge, ein. Bei Zuordnungs- und Reihenfolgeaufgaben müssen die Lösungsziffern von links nach rechts in der richtigen Reihenfolge eingetragen werden.
6. Die **Anzahl der richtigen Lösungsziffern** erkennen Sie an der Zahl der vorgedruckten Lösungskästchen. Dies gilt **nicht** für **Kontierungsaufgaben**. Hier müssen die Lösungsziffern getrennt nach „Soll" und „Haben" in die entsprechenden Kästchen auf dem Lösungsbogen eingetragen werden. Dabei darf in einem Buchungssatz ein Konto nur einmal aufgerufen werden. Die Reihenfolge der Lösungsziffern auf jeder Kontenseite ist beliebig.
7. Eine bereits eingetragene **Lösungsziffer**, die Sie **ändern** wollen, streichen Sie bitte deutlich durch. Schreiben Sie die neue Lösungsziffer ausschließlich **unter** dieses Kästchen, niemals daneben oder darüber.
8. Als **Hilfsmittel** ist grundsätzlich ein nicht programmierter, netzunabhängiger **Taschenrechner** ohne Kommunikationsmöglichkeit mit Dritten zugelassen. Darüber hinaus sind keine weiteren Hilfsmittel zugelassen. Wenn Sie ein **gerundetes Ergebnis** eintragen und damit weiterrechnen müssen, rechnen Sie (auch mit Taschenrechner) nur mit diesem gerundeten Ergebnis weiter.
9. Für **Nebenrechnungen/Hilfsaufzeichnungen** können Sie die im Anschluss abgedruckten Rechenkästchen verwenden. Zur Bewertung werden jedoch nur Ihre Eintragungen im Lösungsbogen herangezogen.

Sachverhalt

Sie sind Mitarbeiter/Mitarbeiterin in der BüKo GmbH (siehe nachfolgende Unternehmensbeschreibung).

Beschreibung des Unternehmens

Firma Geschäftszweck Geschäftssitz Registergericht	BüKo GmbH, Büroeinrichtungs- und Kommunikationssysteme Herstellung und Vertrieb von Büroeinrichtungs- und Kommunikationssystemen Ludwig-Thoma-Str. 47, 95447 Bayreuth Amtsgericht Bayreuth HR B 345-0815 USt-Id.-Nummer: DE 999666333123 Die BüKo GmbH ist Mitglied des Arbeitgeberverbandes. Der Tarifvertrag findet Anwendung.
Geschäftsjahr	1. Januar bis 31. Dezember
Bankverbindung Postbankverbindung	Sparkasse Bayreuth Konto-Nr. 123456789 BLZ 773 501 10 Postbank Nürnberg Konto-Nr. 987654321 BLZ 760 100 85
Produktprogramm (Eigene Erzeugnisse)	– Konferenztische – Konferenzstühle – Besucherstühle – Bürostühle – Regalsysteme
Dienstleistungen	– Lieferung und Montage der gelieferten Büromöbel – Entsorgung von Altmöbeln
Handelswaren	Warengruppe 1: Bürotechnik Warengruppe 2: Büroeinrichtung Warengruppe 3: Verbrauch Warengruppe 4: Organisation
Fertigungsverfahren	Einzel- und Serienfertigung
Stoffe/Vorprodukte	Rohstoffe: Holz, Furniere, Möbelbezugsstoffe, Scharniere Hilfsstoffe: Lacke, Klebstoffe, Schrauben, Nägel Betriebsstoffe: Strom, Gas, Wasser, Heizöl, Schmierstoffe Vorprodukte: Türschlösser, Türknöpfe Energie: Strom, Gas
Mitarbeiter	Angestellte 42 Arbeiter 90 Auszubildende 14
Bilanzsumme	ca. 20 Mio. EUR
Umsatz	ca. 100 Mio. EUR

Bearbeitungshinweise

Bitte beachten Sie folgende Hinweise:

- In den Kontierungsaufgaben sind ausschließlich die vierstelligen Kontennummern aus dem beigefügten Auszug des Kontenplans der BüKo GmbH zu verwenden.
- Werden Unterkonten im Kontenplan genannt, so ist auf diese Unterkonten zu buchen.
- Wenn nichts anderes vorgegeben ist, ist grundsätzlich aufwandsrechnerisch und netto zu buchen.

Sachverhalt

Sachverhalt zur 1. bis 4. Aufgabe

Die bei einem Lieferanten in Hannover bestellten Schreibtischlampen sind eingetroffen. Der Warensendung ist die abgebildete Eingangsrechnung beigefügt. Als Sachbearbeiter/-in in der Buchhaltung haben Sie u. a. die Aufgabe, die Belege rechnerisch zu überprüfen und zu kontieren.

Beleg zur 1. bis 4. Aufgabe

BÜROBEDARF ULRICH GMBH

Ulrich GmbH - Kanalstraße 28 - 30159 Hannover

BüKo GmbH
Ludwig-Thoma-Straße 47

95447 Bayreuth

Kanalstr. 28
30159 Hannover

Telefon: (0511) 8347120
Telefax: (0511) 8347121

Eingegangen am
16. September 20...
BüKo GmbH

Rechnung

Rechnungs-Nr.	Kunden-Nr.	Rechnungsdatum
3974	5224371	15. Sept. 20..
Bitte bei Zahlung und Rückfragen angeben		

Pos.	Artikelnummer	Artikelbezeichnung	Stück	Einzelpreis EUR	Gesamtpreis EUR
1	8-21386	Schreibtischlampe ELEGANCE	20	89,00	1.780,00
2	8-13072	Schreibtischlampe EFFECTA	80	28,90	2.312,00
			Nettobetrag		4.092,00
			+ 19 % Umsatzsteuer		777,48
			Rechnungsbetrag brutto		4.869,48

Zahlung: Innerhalb 8 Tagen ab Rechnungsdatum mit 3 % Skonto, innerhalb 30 Tagen netto

Ust.-IdNr.: DE 610 24 6261, Steuer-Nr.: 71/021 682 53

Ulrich GmbH - Geschäftsführer Ralf Ulrich - Hannover HRB 4847

Bankverbindung: Stadtsparkasse Hannover (BLZ 250 501 80), Konto-Nr. 546 376 231

Aufgabe 1
A

Wie müssen Sie die Eingangsrechnung (Re.-Nr. 3974) kontieren?

Tragen Sie die zutreffenden Kontennummern in die Kästchen ein.

Soll		Haben	

Aufgabe 2
A

Sie erhalten die abgebildete Rechnung der Spedition Oli Phant KG.

Wie müssen Sie diese Eingangsrechnung buchen? Tragen Sie die zutreffenden Kontennummern in die Kästchen ein.

Soll **Haben**

Sachverhalt

Spedition Oli Phant KG
Am Bahndamm 78, 30453 Hannover

Spedition Oli Phant KG - Am Bahndamm 78 - 30453 Hannover

BüKo GmbH
Ludwig-Thoma-Straße 47

95447 Bayreuth

Eingegangen am
19. September 20...
BüKo GmbH

Ihr Zeichen: Me
Ihre Nachricht vom: ..-09-14
Unser Zeichen: wie
Unsere Nachricht vom:

Name: Herr Metzner
Telefon: (0921) 41 71 18
Telefax: (0921) 41 71 18 9

17. September 20...

Frachtrechnung Nr. 62720

Kunden-Nr. 362

Wir berechnen für unsere Leistung vom 16.09.20...

Transport von Hannover in Ihr Lager nach Bayreuth:

20 Schreibtischlampen ELEGANCE		24,00 EUR
80 Schreibtischlampen EFFECTA		96,00 EUR
	Summe	120,00 EUR
	19 % USt.	22,80 EUR
	Gesamt	144,80 EUR

Zahlung: in 10 Tagen netto, ohne Abzug

USt.-Id.-Nummer: DE 103390701
Steuer-Nr.: 20833860049

Bankverbindung: Sparkasse Hannover, BLZ 250 501 80, Konto-Nr. 812284321

Aufgabe 3
A

Kontieren Sie die Buchungen des unten stehenden Kontoauszugs vom 24.09. und vom 26.09. Tragen Sie die zutreffenden Kontennummern in die Kästchen ein.

Buchung vom 24.09.:

Soll **Haben**

Buchung vom 26.09.:

Soll **Haben**

Sachverhalt

Kontoauszug vom 27.09...					**Sparkasse Bayreuth**			
Kto.Nr.		Auszug	Geschäftsstelle	Währung		Soll	Haben	
123456789		13	Ludwig-Thoma-Straße	EURO			**9.325,37**	
Buchungstag		Wir haben für Sie gebucht		Wert		Umsätze		
24	09	Bürobedarf Ulrich GmbH, Rechnung Nr. 3974 vom 15.09.		24	09	4.723,40		
26	09	Spedition Oli Phant KG, Frachtrechnung Nr. 62720 vom 17.09.		26	09	144,80		
BüKo GmbH Ludwig-Thoma-Straße 47 95447 Bayreuth				Neuer Kontostand			**4.457,17**	

Aufgabe 4
A

Berechnen Sie den Bezugspreis der Schreibtischlampe ELEGANCE.

Sachverhalt

Sachverhalt zur 5. bis 7. Aufgabe

Die BüKo GmbH hat zum Ausgleich einer Rechnung Nr. 3974 (siehe Beleg zur Aufgabe 1) ihren Kontokorrentkredit bei der Sparkasse Bayreuth zu einem Zinssatz von 8,5 % p.a. in Anspruch genommen, um den Skontoabzug wahrnehmen zu können.

Aufgabe 5
A

Ermitteln Sie für den beschriebenen Zahlungsvorgang den Kreditzeitraum in Tagen, der für die Bestimmung des Finanzierungserfolgs entscheidend ist.

Aufgabe 6
A

Berechnen Sie die Zinsbelastung (30/360) in EUR.

Aufgabe 7
A

Ermitteln Sie den Finanzierungserfolg in EUR.

Sachverhalt

Beleg zur 8. Aufgabe

BüKo GmbH
Ludwig-Thoma-Str. 47, 95447 Bayreuth

BüKo GmbH, Ludwig-Thoma-Straße 47, 95447 Bayreuth

Leuchter GmbH
Elektrogroßhandel
Leyher Str. 274
90431 Nürnberg

Ihr Zeichen: wel
Ihre Nachricht vom: ..-11-07
Unser Zeichen: me
Unsere Nachricht vom:
Name: Herr Meier
Telefon: 0921 79 213 49
Telefax: 0921 79 213 59

Rechnung

Rechnungs-Nummer 24-624512	Kunden-Nummer G 24371	Rechnungsdatum ..-11-25
Ihre Auftrags-Nummer 30-69372-V	Ihr Auftragsdatum ..-11-23	Unsere Lieferung vom ..-11-25

Wir lieferten Ihnen heute frei Haus:

Pos.	Artikelnummer	Artikelbezeichnung	Stück	Einzelpreis EUR	Gesamtpreis EUR
1	H 63027	Schreibtischlampen EFFECTA	25	39,00	975,00
				Nettobetrag	975,00
				–10 % Rabatt	97,50
					877,50
				19 % USt.	166,73
				Gesamt	1.044,23

Zahlung: Innerhalb 10 Tagen ab Rechnungsdatum mit 2 % Skonto, innerhalb 30 Tagen netto

USt-Id.-Nummer: DE 999666333123, Steuer-Nr.: 39/306 320 74

Bankverbindungen:

Sparkasse Bayreuth, BLZ 773 501 01; Konto-Nr. 123456789
Postbank Nürnberg, BLZ 760 100 85, Konto-Nr. 987654321

www.bueko.de

Aufgabe 8 A

Kontieren Sie die Buchung der Rechnung Nr. 24-624512. Tragen Sie die zutreffenden Kontennummern in die Kästchen ein.

Soll | **Haben**

Aufgabe 9 A

Kontieren Sie die Buchungen des nachstehenden Kontoauszugs vom 04.12. Tragen Sie die zutreffenden Kontennummern in die Kästchen ein.

Soll | **Haben**

Sachverhalt

Kontoauszug vom 04.12...							**Sparkasse Bayreuth**
Kto.Nr.		Auszug	Geschäftsstelle	Währung		Soll	Haben
123456789		13	Ludwig-Thoma-Straße	EURO			**2.159,47**
Buchungstag		Wir haben für Sie gebucht		Wert		Umsätze	
03	12	Rechn. Nr. 24-624512 vom 25.11., Leuchter GmbH		03	12		1.023,35
BüKo GmbH Ludwig-Thoma-Straße 47 95447 Bayreuth				Neuer Kontostand			**3.182,82**

Sachverhalt

Sachverhalt zur 10. bis 12. Aufgabe

In der Lux KG entnimmt sich der Komplementär Mario Richter aus dem Lager zwei Schreibtischlampen für die Kinderzimmer seiner beiden Söhne. Die Schreibtischlampe wurde vorher zu einem Bezugspreis von 35,10 EUR je Stück von der BüKo GmbH beschafft. Um den Vorgang zu dokumentieren unterschreibt er den unten stehenden Beleg.

Lux KG		**Privatentnahme**	**Beleg-Nr. PE 12613**	
Art.-Nr.	**Artikelbezeichnung**	**Menge (Stück)**	**Stückpreis (EUR)**	**Gesamtpreis (EUR)**
H 63027	Schreibtischlampen EFFECTA	2		
Ware erhalten: 15.12... Datum	Mario Richter Unterschrift			

Aufgabe 10
A

Ermitteln Sie den anzusetzenden Warenwert.

Aufgabe 11
A

Mit welchem Betrag wird das Privatkonto von Mario Richter insgesamt belastet?

Aufgabe 12
A

Wie ist der Vorgang bei der Lux KG zu buchen? Tragen Sie die zutreffenden Kontennummern in die Kästchen ein.

Soll | **Haben**

Aufgabe 13
A

Im Laufe eines Insolvenzverfahrens eines Kunden werden nur 12 % der Verbindlichkeiten beglichen. Sie verlieren dadurch 4.620,00 EUR.

Berechnen Sie, wie hoch die ursprüngliche Forderung war.

Aufgabe 14
A

Welcher der folgenden Geschäftsfälle der BüKo GmbH stellt keinen umsatzsteuerpflichtigen Tatbestand dar?

(1) Die BüKo GmbH belastet einen, sich im Zahlungsverzug befindlichen Kunden mit Verzugszinsen.
(2) Gebrauchte Büromöbel werden an einen Betriebsangehörigen verkauft.
(3) Ein gebrauchter Firmen-Pkw wird an ein anderes Unternehmen verkauft.
(4) Die BüKo GmbH kauft Handelsware im Ausland ein.
(5) Die BüKo GmbH verkauft Schreibtischlampen aus dem Warensortiment mit 50 % Rabatt an eigene Mitarbeiter.

Aufgabe 15
A

Bringen Sie die folgenden Positionen der Bezugskalkulation durch die Vergabe der Ziffern 1 bis 7 in die richtige Reihenfolge.

(1) – Rabatt

(2) = Zieleinkaufspreis

(3) + Bezugskosten

(4) = Bareinkaufspreis

(5) Listeneinkaufspreis netto

(6) = Bezugspreis

(7) – Skonto

Sachverhalt

Sachverhalt zur 16. bis 18. Aufgabe

Als Mitarbeiter/-in der BüKo GmbH sind Sie u. a. für die Auszubildenden zuständig.

Aufgabe 16
B

Beim Abschluss der neuen Ausbildungsverträge soll auch eine Probezeit vereinbart werden.

Welche Zeitspanne darf die Probezeit maximal umfassen?

(1) Vier Wochen
(2) Einen Monat
(3) Drei Monate
(4) Vier Monate
(5) Sechs Monate

Aufgabe 17
B

Sie sind von Ihrem Personalchef damit beauftragt worden, das Einstellungsverfahren für Auszubildende so objektiv wie möglich zu planen. Was schlagen Sie vor?

(1) Die Beschaffung von Referenzen
(2) Die Vereinbarung einer Probezeit
(3) Die Durchführung von schriftlichen Einstellungstests
(4) Das Führen von Einstellungsgesprächen
(5) Die Vereinbarung eines Kurzpraktikums

Aufgabe 18
B

Ein 16-jähriger Auszubildender kommt zu Ihnen in die Personalabteilung und möchte seinen Urlaubsanspruch im Ausbildungsvertrag prüfen. Welche Unterlagen müssen Sie ihm zum Nachschlagen mitgeben?

(1) Bundesurlaubsgesetz
(2) Betriebsverfassungsgesetz
(3) Jugendarbeitsschutzgesetz
(4) Arbeitsförderungsgesetz
(5) Berufsbildungsgesetz

Sachverhalt

Sachverhalt zur 19. bis 21. Aufgabe

Sie bearbeiten im Personalbüro die Krankmeldungen sowie die Arbeits-und Betriebsunfälle.

Aufgabe 19
B

Der Mitarbeiter Thomas Schmidt ist auf dem Weg zum Betriebsrat auf dem Firmengelände gestürzt und hat sich das rechte Bein verletzt. Vom Arzt wurde die Arbeitsunfähigkeit für vorerst vier Tage bescheinigt. Entscheiden Sie, ob Sie den Arbeitsunfall an die zuständige Stelle melden müssen.

(1) Eine Meldung ist nur bei einem tödlichen Unfall notwendig.
(2) Eine Weitermeldung des Arbeitsunfalles kann unterbleiben, da Herr Schmidt innerhalb einer Woche die Arbeit wieder aufnimmt.
(3) Nur bei einer Arbeitsunfähigkeit von länger als sechs Wochen hat eine Meldung zu erfolgen.
(4) Die Entscheidung, ob eine Meldung erforderlich ist, trifft der Arbeitnehmer selbst.
(5) Der Arbeitsunfall muss innerhalb der vorgeschriebenen Frist der zuständigen Berufsgenossenschaft gemeldet werden.

Aufgabe 20
B

Welchen der Fälle müssen Sie mit dem Vermerk „betrifft den Privatbereich" zurückweisen, da es sich weder um einen Betriebs- noch um einen Arbeitsunfall handelt?

(1) Ein Mitarbeiter ist auf dem direkten Weg vom Betrieb nach Hause mit dem Fahrrad gestürzt.
(2) Ein Mitarbeiter ist im Geschäftsgebäude ausgerutscht und hat sich den Fuß gebrochen.
(3) Ein Mitarbeiter ist auf dem Weg zu einem Kunden mit dem Auto in den Graben gerutscht.
(4) Ein leitender Mitarbeiter hat mit seinem Dienstwagen in der Freizeit einen Unfall verursacht.
(5) Ein Mitarbeiter beachtet die Unfallverhütungsvorschriften nicht und stürzt vom Dach.

Aufgabe 21
B

Die Arbeitszeiterfassung der BüKo GmbH soll in Zukunft elektronisch erfolgen. Sie nehmen dazu personenbezogene Daten wie Name, Vorname, Anschrift, Einstellungsort, Arbeitszeitmodell auf.

Welche Rechtsgrundlage müssen Sie dabei beachten?

(1) Die Arbeitsstättenverordnung
(2) Das Bundesarbeitsgesetz
(3) Die Arbeitszeitordnung
(4) Das Bundesdatenschutzgesetz
(5) Das Tarifvertragsgesetz

Aufgabe 22
B

Sie erstellen die Personalbedarfsplanung für die nächsten zwei Jahre. Welche betriebliche Maßnahme würde diese Personalbedarfsplanung unmittelbar beeinflussen?

(1) Herabsetzung der Arbeitszeit
(2) Verbesserung der Public Relations
(3) Inseratserie mit Stellenangeboten
(4) Umstellung von Einzelbüros auf Großraumbüros
(5) Einführung der Gleitzeit

Sachverhalt zur 23. bis 26. Aufgabe *Sachverhalt*

Sie sind als Mitarbeiter/-in der BüKo GmbH in der Lohnbuchhaltung eingesetzt und mit allen Aufgaben der Entgeltabrechnung betraut.

Aufgabe 23 B

Sie haben die Gehaltsabrechnung eines Facharbeiters vorzunehmen, der einen Stundenlohn von 17,50 EUR erhält und im abzurechnenden Monat 174 Stunden gearbeitet hat. Er bewohnt eine Werkswohnung. Die Miete dafür (550,00 EUR/Monat) wird unmittelbar mit dem Lohn verrechnet.

Bringen Sie die folgenden Arbeitsschritte bei der Lohnabrechnung in die richtige Reihenfolge, indem Sie die Ziffern 1 bis 5 in die Kästchen neben den Arbeitsschritten eintragen.

(1) Berechnung des Nettolohns ☐

(2) Ermittlung des Bruttolohns ☐

(3) Berechnung der gesetzlichen Abzüge ☐

(4) Berechnung des auszuzahlenden Betrags ☐

(5) Abzug der Miete für die Werkswohnung ☐

Aufgabe 24 B

Ein langjähriger Mitarbeiter erhält auf eigenen Wunsch einen Gehaltsvorschuss in Höhe von 500,00 EUR. in bar ausgezahlt.

Wie ist zu buchen? Tragen Sie die zutreffenden Kontennummern in die Kästchen ein.

Soll		Haben	
☐☐☐☐	☐☐☐☐	☐☐☐☐	☐☐☐☐

Aufgabe 25 B

Die BüKo GmbH überweist den Beitrag zur gesetzlichen Unfallversicherung der Arbeitnehmer.

Wie ist zu buchen? Tragen Sie die zutreffenden Kontennummern in die Kästchen ein.

Soll		Haben	
☐☐☐☐	☐☐☐☐	☐☐☐☐	☐☐☐☐

Aufgabe 26 B

Welcher der nachstehenden Posten wird nicht vom Bruttolohn des Arbeitnehmers abgezogen? ☐

(1) Kirchensteuer
(2) Solidaritätszuschlag
(3) Arbeitnehmeranteil zur gesetzlichen Krankenversicherung
(4) Arbeitnehmeranteil zur gesetzlichen Pflegeversicherung
(5) Beitrag zur gesetzlichen Unfallversicherung

Sachverhalt zur 27. und 28. Aufgabe *Sachverhalt*

Die Lagermitarbeiterin Marion Müller hat Ihnen heute mitgeteilt, dass sie im 3. Monat schwanger ist. Sie hat Ihnen eine entsprechende ärztliche Bescheinigung vorgelegt. Daraus geht hervor, dass der errechnete Geburtstermin der 27.11. dieses Jahres sein wird.

Aufgabe 27
B

Welche der folgenden Aussagen zur arbeitsrechtlichen Situation von Frau Müller sind zutreffend?

Tragen Sie die Ziffern von den ***zwei*** *zutreffenden Aussagen in die Kästchen ein* ☐

(1) *Frau Müller darf erst vier Wochen nach der Geburt wieder im Lager eingesetzt werden.*
(2) *Weder die BüKo GmbH noch Frau Müller können das Arbeitsverhältnis während der Schwangerschaft kündigen.*
(3) *Die BüKo GmbH muss die Schwangerschaft von Frau Müller bei der zuständigen Aufsichtsbehörde melden.*
(4) *Frau Müllers jährlicher Urlaubsanspruch erhöht sich aufgrund der Schwangerschaft um 10 Tage.*
(5) *Bis zu Beginn der Mutterschutzfrist darf Frau Müller mit leichteren Aufgaben (keine schwere körperliche Arbeit) beschäftigt werden.*
(6) *Frau Müller ist während der Arbeitszeit für Arztbesuche freizustellen.*

Aufgabe 28
B

Frau Müller möchte von Ihnen wissen, wie ihre Entlohnung während der Mutterschutzfristen geregelt ist.

Tragen Sie die Ziffer der zutreffenden Aussage in das Kästchen ein. ☐

(1) *Sie erhält von der Krankenkasse ein Krankengeld in Höhe von 70 % ihres letzten Monatsnettoeinkommens.*
(2) *Die Differenz aus Nettoeinkommen und Mutterschaftsgeld wird von der Berufsgenossenschaft aufgestockt.*
(3) *Die Büko GmbH zahlt zum Mutterschaftsgeld einen gesetzlich geregelten Differenzbetrag zwischen ihrem durchschnittlichem Nettoentgelt und dem Mutterschaftsgeld.*
(4) *Die BüKo GmbH zahlt in dieser Zeit das monatliche Bruttogehalt wie bisher.*
(5) *Die Bundesagentur für Arbeit zahlt eine Lohnersatzleistung in Höhe von 13,50 EUR je Kalendertag.*

Mutterschutzgesetz

§ 3 (1) Werdende Mütter dürfen nicht beschäftigt werden, soweit nach ärztlichem Zeugnis Leben und Gesundheit von Mutter oder Kind bei Fortdauer der Beschäftigung gefährdet ist.

(2) Werdende Mütter dürfen in den letzten Wochen vor der Entbindung nicht beschäftigt werden, es sei denn, dass sie sich zur Arbeitsleistung ausdrücklich bereit erklären; die Erklärung kann jederzeit widerrufen werden.

§ 5 (1) Werdende Mütter sollen dem Arbeitgeber ihre Schwangerschaft und den mutmaßlichen Tag der Entbindung mitteilen. Der Arbeitgeber hat die Aufsichtsbehörde unverzüglich über die Mitteilung der werdenden Mutter zu benachrichtigen.

§ 6 (1) Mütter dürfen bis zum Ablauf von acht Wochen, bei Früh- oder Mehrlingsgeburten bis zum Ablauf von 12 Wochen nach der Entbindung nicht beschäftigt werden.

§ 14 Frauen, die Anspruch auf Mutterschaftsgeld nach § 200 der RVO haben, erhalten während ihres bestehenden Arbeitsverhältnisses für die Zeit der Schutzfristen von ihrem Arbeitgeber einen Zuschuss in Höhe des Unterschiedsbetrages zwischen 13 EUR und dem [...] durchschnittlichen kalendertäglichen Netto-Arbeitsentgelt.

Reichsversicherungsordnung (RVO)

§ 200 (2) Für (pflichtversicherte) Mitglieder, die bei Beginn der Mutterschutzfristen in einem Arbeitsverhältnis stehen, wird (von der Krankenkasse des Mitglieds) Mutterschaftsgeld gezahlt. [...] Es beträgt höchstens 13 EUR je Kalendertag.

Sachverhalt

Sachverhalt zur 29. und 30. Aufgabe

Sie sind zuständig für den Einsatz von schwerbehinderten Mitarbeitern in der BüKo GmbH. Derzeit hat die BüKo GmbH bei durchschnittlich 140 Mitarbeitern drei schwerbehinderte Mitarbeiter.

Sozialgesetzbuch (SGB) IX

§ 71

(1) Arbeitgeber mit jahresdurchschnittlich monatlich mindestens 20 Arbeitsplätzen haben auf wenigstens 5 Prozent der Arbeitsplätze schwerbehinderte Mitarbeiter zu beschäftigen.

§ 77

(1) Die Ausgleichsabgabe wird auf der Grundlage einer jahresdurchschnittlichen Beschäftigungsquote ermittelt.

(2) Die Ausgleichsabgabe beträgt im Monat je unbesetzten Pflichtarbeitsplatz bei einer Beschäftigungsquote von Schwerbehinderten

1.	Von 3 % bis Pflichtsatz von 5 %	105,00 EUR
2.	Von 2 % bis unter 3 %	180,00 EUR
3.	Von weniger als 2 %	260,00 EUR

Aufgabe 29 B

Wie viele Stellen müssten bei der BüKo GmbH regulär mit schwerbehinderten Menschen besetzt werden. ☐

Aufgabe 30 B

Berechnen Sie den Betrag, den die BüKo GmbH derzeit als Ausgleichsabgabe zahlen muss. ☐

Sachverhalt

Sachverhalt zur 31. und 32. Aufgabe

Aufgrund von unvorhergesehenen Maschinenausfällen und den dadurch notwendigen Reparaturzeiten unterbricht die BüKo GmbH die Fertigung in der Produktionslinie eines Regalsystems. Aufgrund des Produktionsausfalls entscheidet die Geschäftsleitung mit Einverständnis des Betriebsrats, die Arbeitszeit für die Monate Mai und Juni arbeitstäglich um zwei Stunden zu erhöhen. Die bisherige Arbeitszeitregelung der BüKo GmbH ist eine reguläre Arbeitszeit von Montag bis Freitag von 7:30 – 16:00 Uhr mit einer unbezahlten Pause von 30 Minuten.

Auszug aus dem Arbeitszeitgesetz

§ 2 Begriffsbestimmungen

(1) Arbeitszeit im Sinne des Gesetzes ist die Zeit vom Beginn bis zum Ende der Arbeit ohne die Ruhepausen. [...]

§ 3 Arbeitszeit der Arbeitnehmer

Die werktägliche Arbeitszeit der Arbeitnehmer darf acht Stunden nicht überschreiten. Sie kann auf bis zu zehn Stunden verlängert werden, wenn innerhalb von sechs Kalendermonaten oder innerhalb von 24 Wochen im Durchschnitt acht Stunden werktäglich nicht überschritten werden.

§ 4 Ruhepausen

Die Arbeit ist durch im Voraus feststehende Ruhepausen von mindestens 30 Minuten bei einer Arbeitszeit von mehr als sechs bis neun Stunden und 45 Minuten bei einer Arbeitszeit von mehr als neun Stunden insgesamt zu unterbrechen. Die Ruhepausen nach Satz 1 können in Zeitabschnitten von jeweils mindestens 15 Minuten aufgeteilt werden. Länger als sechs Stunden hintereinander dürfen Arbeitnehmer nicht ohne Ruhepause beschäftigt werden.

Aufgabe 31
B

Zu welcher der folgenden Maßnahmen ist die BüKo GmbH gegenüber den Mitarbeiter/-innen verpflichtet? Berücksichtigen Sie dazu auch den Auszug aus dem Arbeitszeitgesetz.

*Tragen Sie die Ziffern der **zwei** zutreffenden Maßnahmen ein.*

(1) *Die BüKo GmbH ist verpflichtet, die Pausen auf die Arbeitszeit anzurechnen.*
(2) *Die BüKo GmbH ist verpflichtet, in den Monaten Mai und Juni die täglichen Pausenzeiten um 15 Minuten zu erhöhen.*
(3) *Die BüKo GmbH ist verpflichtet, die in den Monaten Mai und Juni geleistete Mehrarbeit ab dem 1. Dezember wieder auszugleichen.*
(4) *Die BüKo GmbH ist verpflichtet, in den Monaten Juli bis Oktober die tägliche Arbeitszeit um eine Stunde herabzusetzen.*
(5) *Die BüKo GmbH ist verpflichtet, sicherzustellen, dass die erste Pause spätestens um 13:30 Uhr genommen wird.*
(6) *Die BüKo GmbH ist verpflichtet, allen betroffenen Mitarbeitern im Monat Juli und August einen Urlaub von mindestens 3 Wochen am Stück zu gewähren.*

Aufgabe 32
B

Um den Produktionsausfall wieder hereinzuarbeiten, sollen zusätzlich Zeitarbeitskräfte ins Unternehmen geholt werden.

Welche der folgenden Aussagen ist in diesem Zusammenhang zutreffend?

(1) *Zeitarbeitskräfte müssen von der BüKo GmbH bei der Bundesagentur für Arbeit gemeldet werden.*
(2) *Zeitarbeitskräfte erhalten im Krankheitsfall eine Entgeltfortzahlung durch die BüKo GmbH.*
(3) *Zeitarbeitskräfte müssen von der BüKo GmbH bei der Rentenversicherung angemeldet werden.*
(4) *Zeitarbeitskräfte können nur mit Zustimmung des Betriebsrates bei der BüKo GmbH eingesetzt werden.*
(5) *Zeitarbeitskräfte müssen direkt von der BüKo GmbH entlohnt werden.*

Sachverhalt

Sie sind Mitarbeiter/Mitarbeiterin in der BüKo GmbH (siehe nachfolgende Unternehmensbeschreibung).

Beschreibung des Unternehmens

Firma Geschäftszweck Geschäftssitz Registergericht	BüKo GmbH, Büroeinrichtungs- und Kommunikationssysteme Herstellung und Vertrieb von Büroeinrichtungs- und Kommunikationssystemen Ludwig-Thoma-Str. 47, 95447 Bayreuth Amtsgericht Bayreuth HR B 345-0815 USt-Id.-Nummer: DE 999666333123 Die BüKo GmbH ist Mitglied des Arbeitgeberverbandes. Der Tarifvertrag findet Anwendung.
Geschäftsjahr	1. Januar bis 31. Dezember
Bankverbindung Postbankverbindung	Sparkasse Bayreuth Konto-Nr. 123456789 BLZ 773 501 10 Postbank Nürnberg Konto-Nr. 987654321 BLZ 760 100 85
Produktprogramm (Eigene Erzeugnisse)	– Konferenztische – Konferenzstühle – Besucherstühle – Bürostühle – Regalsysteme
Dienstleistungen	– Lieferung und Montage der gelieferten Büromöbel – Entsorgung von Altmöbeln
Handelswaren	Warengruppe 1: Bürotechnik Warengruppe 2: Büroeinrichtung Warengruppe 3: Verbrauch Warengruppe 4: Organisation
Fertigungsverfahren	Einzel- und Serienfertigung
Stoffe/Vorprodukte	Rohstoffe: Holz, Furniere, Möbelbezugsstoffe, Scharniere Hilfsstoffe: Lacke, Klebstoffe, Schrauben, Nägel Betriebsstoffe: Strom, Gas, Wasser, Heizöl, Schmierstoffe Vorprodukte: Türschlösser, Türknöpfe Energie: Strom, Gas
Mitarbeiter	Angestellte 42 Arbeiter 90 Auszubildende 14
Bilanzsumme	ca. 20 Mio. EUR
Umsatz	ca. 100 Mio. EUR

Bearbeitungshinweise

Bitte beachten Sie folgende Hinweise:

- In den Kontierungsaufgaben sind ausschließlich die vierstelligen Kontennummern aus dem beigefügten Auszug des Kontenplans der BüKo GmbH zu verwenden.
- Werden Unterkonten im Kontenplan genannt, so ist auf diese Unterkonten zu buchen.
- Wenn nichts anderes vorgegeben ist, ist grundsätzlich aufwandsrechnerisch und netto zu buchen.

Aufgabe 1
A

Wie müssen Sie die abgebildete Ausgangsrechnung an die Küchenland GmbH buchen?

Tragen Sie die zutreffenden Kontennummern in die Kästchen ein.

Soll		Haben	

Sachverhalt

BüKo GmbH
Ludwig-Thoma-Str. 47, 95447 Bayreuth

BüKo GmbH, Ludwig-Thoma-Straße 47, 95447 Bayreuth

Küchenland GmbH
Industriestraße 211

90431 Nürnberg

Ihr Zeichen: ha
Ihre Nachricht vom: ..-04-27
Unser Zeichen: me
Unsere Nachricht vom:

Name: Herr Meier
Telefon: (0921) 79 213 49
Telefax: (0921) 79 213 59

Rechnung

Rechnungs-Nummer	Kunden-Nummer	Rechnungsdatum
24-640218	G 24373	..-05-08
Ihre Auftrags-Nummer	Ihr Auftragsdatum	Unsere Lieferung vom
50-642019	..-04-27	..-05-08

Wir lieferten Ihnen heute frei Haus:

Pos.	Artikelnummer	Artikelbezeichnung	Stück	Einzelpreis EUR	Gesamtpreis EUR
1	B 62561	Konferenzstuhl „Comfort“	10	99,90	999,00
				Nettobetrag	999,00
				– 10 % Rabatt	99,90
					899,10
				+ 19 % USt.	170,83
				Gesamt	1.069,93

Zahlung: Innerhalb 10 Tagen ab Rechnungsdatum mit 2 % Skonto, innerhalb 30 Tagen netto

USt-Id.-Nummer: DE 999666333123, Steuer-Nr.: 39/306 320 74

Bankverbindungen:
Sparkasse Bayreuth, BLZ 773 501 01; Konto-Nr. 123456789
Postbank Nürnberg, BLZ 760 100 85, Konto-Nr. 987654321

www.bueko.de

Aufgabe 2
A

Einer der an die Küchenland GmbH gelieferten Konferenzstühle weist leichte Beschädigungen auf. Die Küchenland GmbH erhält nach telefonischer Absprache die unten abgebildete Gutschrift von 20 %.

Wie buchen Sie diese Gutschrift? Tragen Sie die zutreffenden Kontennummern in die Kästchen ein.

Soll		Haben	

Sachverhalt

BüKo GmbH
Ludwig-Thoma-Str. 47, 95447 Bayreuth

BüKo GmbH, Ludwig-Thoma-Straße 47, 95447 Bayreuth

Küchenland GmbH
Industriestraße 211

90431 Nürnberg

Ihr Zeichen: ha
Ihre Nachricht vom: ..-05-10
Unser Zeichen: schm
Unsere Nachricht vom:
Name: Frau Schmidt
Telefon: (0921) 79 213 49
Telefax: (0921) 79 213 59

Gutschrift

Datum: ..-05-15

Kunden-Nr.	Rechnungs-Nr.	Rechnungsdatum	Gutschriftnummer
G 24373	24-640218	..-05-08	50-6281

Aufgrund Ihrer Beanstandung vom 10. Mai 20... schreiben wir Ihnen wie vereinbart gut:

25 % aus 89,91 EUR	22,48 EUR
+ 19 % Umsatzsteuer	4,27 EUR
Gutschriftbetrag	26,75 EUR

Wir bitten um gleichlautende Buchung.

Mit freundlichen Grüßen

BüKo GmbH
Buchhaltung
i.A. *Schmidt*

USt-Id.-Nummer: DE 999666333123
Steuer-Nr.: 39/306 320 74
Bankverbindungen:
Sparkasse Bayreuth, BLZ 773 501 01; Konto-Nr. 123456789
Postbank Nürnberg, BLZ 760 100 85, Konto-Nr. 987654321

www.bueko.de

Aufgabe 3 A

Wie müssen Sie den unten abgebildeten Beleg buchen? Tragen Sie die zutreffenden Kontennummern in die Kästchen ein.

Soll		Haben	

Sachverhalt

Deutsche Post AG
95444 Bayreuth

26120192 03.05.20..

*200,00 EUR

Postwertzeichen ohne Zuschlag

Deutsche Post AG Deutsche Post AG Deutsche Post AG

Aufgabe 4
A

Sie haben den Auftrag, Buchungsbelege zu bearbeiten. Bringen Sie hierzu die folgenden Tätigkeiten bei der Belegbearbeitung in die richtige Reihenfolge, indem Sie die Ziffern 1 bis 6 in die Kästchen eintragen. Beginnen Sie mit „Prüfen der Belege auf sachliche und rechnerische Richtigkeit".

(1) Buchung der Belege ☐

(2) Vorkontierung der Belege ☐

(3) Sortieren der Belege nach Belegarten ☐

(4) Nummerieren der Belege gemäß internem Beleg Nummernkreis ☐

(5) Prüfen der Belege auf sachliche und rechnerische Richtigkeit ☐

(6) Ablegen der Belege ☐

Aufgabe 5
A

Die Materialprüfung teilt Ihnen mit, dass an den gelieferten Büro-Leuchten die Kabelverbindung im Inneren des Gehäuses lose ist und nachträglich verschraubt werden muss. Der Schaden ist geringfügig und kann von eigenen Arbeitskräften behoben werden. Wie verhalten Sie sich richtig? ☐

(1) Sie setzen sich unverzüglich mit dem Lieferer in Verbindung, um ihre Gewährleistungsansprüche anzumelden.
(2) Sie schreiben eine Aktennotiz über den Sachverhalt und legen diese zusammen mit den Bestellunterlagen ab, damit sie bei der nächsten Bestellung mit ihrem Lieferer über einen Preisnachlass verhandeln können.
(3) Sie senden alle Büro-Leuchten unverzüglich an den Lieferer zurück und bitten um Rücküberweisung des bereits bezahlten Rechnungsbetrages.
(4) Sie informieren umgehend den Lieferer schriftlich über den Mangel und fordern einen angemessenen Preisnachlass sowie Schadenersatz wegen Nichterfüllung.
(5) Sie unternehmen zunächst nichts, da es sich um einen offenen Mangel handelt, der sofort bei der Warenannahme hätte gerügt werden müssen. Gewährleistungsansprüche gegenüber dem Lieferer bestehen demnach nicht mehr.

Aufgabe 6
A

Für das vergangene Geschäftsjahr liegen Ihnen folgende Daten vor: ☐

Eigenkapital am Anfang des Geschäftsjahres: 7.800.000,00 EUR
Eigenkapital am Ende des Geschäftsjahres: 8.600.000,00 EUR
Privatentnahmen während des Geschäftsjahres insgesamt: 400.000,00 EUR
Privateinlagen während des Geschäftsjahres insgesamt: 50.000,00 EUR

Wie viel Euro betrug der Gewinn im vergangenen Geschäftsjahr?

Sachverhalt

Sachverhalt zur 7. bis 9. Aufgabe

Die BüKo GmbH hat zum Ausgleich einer Rechnung (Rechnungsbetrag: 2.546,60 EUR, Zahlungsziel: 10 Tage mit 3 % Skonto, 30 Tage netto) ihren Kontokorrentkredit bei der Sparkasse Bayreuth zu einem Zinssatz von 9,5 % p.a. in Anspruch genommen, um den Skontoabzug wahrnehmen zu können.

Aufgabe 7
A

Ermitteln Sie für den beschriebenen Zahlungsvorgang den Kreditzeitraum in Tagen, der für die Bestimmung des Finanzierungserfolgs entscheidend ist. ☐

Aufgabe 8
A

Berechnen Sie die Zinsbelastung (30/360) in EUR. ☐

Aufgabe 9
A

Ermitteln Sie den Finanzierungserfolg in EUR. ☐

Sachverhalt

Beleg zur 10. bis 12. Aufgabe

Lichttechnik GmbH
Austr. 18, 90429 Nürnberg

Lichttechnik GmbH - Austraße 18 - 90429 Nürnberg

BüKo GmbH
Ludwig-Thoma-Straße 47

95447 Bayreuth

Austraße 18
90429 Nürnberg

Telefon: (0911) 684138-0
Telefax: (0911) 684138-210

Eingegangen am
4. April 20...
BüKo GmbH

Rechnung

Rechnungs-Nummer	Kunden-Nummer	Rechnungsdatum
912365	24307	04.04...
Ihre Auftrags-Nummer 88392	Ihr Auftragsdatum 30.03...	Unsere Lieferung vom 04.04...

Pos.	Artikelnummer	Artikelbezeichnung	Stück	Einzelpreis EUR	Gesamtpreis EUR
1	512560	Schreibtischlampe KOMFORT	25	69,50	1.737,50
		Verpackungspauschale			25,00
				Nettobetrag	1.762,50
				+ 19 % Umsatzsteuer	334,88
				Rechnungsbetrag brutto	2.097,38

Zahlung: Innerhalb 10 Tagen ab Rechnungsdatum mit 2 % Skonto, innerhalb 30 Tagen netto

Ust.-Id.-Nr.: DE 765 28 7986, Steuer-Nr.: 89/721 138 96

Bankverbindung: Postbank Nürnberg, BLZ 760 100 85, Konto-Nr. 34453344

www.lichttechnik.de

Aufgabe 10
A

Wie müssen Sie die Eingangsrechnung (Re.-Nr. 912365) kontieren?

Tragen Sie die zutreffenden Kontennummern in die Kästchen ein.

Soll			Haben		
☐☐☐☐	☐☐☐☐	☐☐☐☐	☐☐☐☐	☐☐☐☐	☐☐☐☐

Aufgabe 11
A

Die Selbstkosten der Schreibtischlampe KOMFORT pro Stück betragen 85,00 EUR. Für einen Einzelauftrag sollen Sie den Angebotspreis ermitteln. ☐

Wie hoch ist der Netto-Verkaufspreis, wenn 15 % Gewinn und 15 % Kundenrabatt zu berücksichtigen sind?

Aufgabe 12
A

Wie lange muss die BüKo GmbH die Eingangsrechnung Nr. 912365 nach den gesetzlichen Regelungen (HGB) mindestens aufbewahren?

(1) *Für Rechnungen gibt es keine gesetzliche Aufbewahrungspflicht.*
(2) *Die BüKo GmbH muss die Rechnung aufbewahren, bis die gesetzliche Gewährleistung für die Schreibtischlampe abgelaufen ist.*
(3) *Die gesetzliche Aufbewahrungspflicht für Belege beträgt 3 Jahre.*
(4) *Die gesetzliche Aufbewahrungspflicht für Belege beträgt 6 Jahre.*
(5) *Die gesetzliche Aufbewahrungspflicht für Belege beträgt 10 Jahre.*

Sachverhalt

Sachverhalt zur 13. bis 15. Aufgabe

Die BüKo GmbH denkt darüber nach, intensivere Geschäftsbeziehungen mit der Bürowelt GmbH einzugehen. Dazu sollen die folgenden Bilanzdaten der Bürowelt GmbH analysiert werden.

Aktiva	Bilanz Bürowelt	GmbH zum 31.12.20..	Passiva
	in EUR		in EUR
I. Anlagevermögen		I. Eigenkapital	
1. Gebäude	569.700,00	II. Fremdkapital	
2. Maschinen	159.500,00	1. Bankverbindlichkeiten	532.250,00
3. Fuhrpark	160.400,00	2. Verbindlichkeiten aus L.u.L.	552.900,00
4. BGA	187.000,00		
II. Umlaufvermögen			
1. Roh-, Hilfs- und Betr.st.	132.250,00		
2. Eigene Erzeugnisse	196.850,00		
3. Handelswaren	206.220,00		
4. Forderungen aus L. u. L.	127.015,00		
5. Kassenbestand	593,00		
6. Bankguthaben	5.697,00		

Aufgabe 13
A

Berechnen Sie die Bilanzsumme.

Aufgabe 14
A

Ermitteln Sie die Höhe des Eigenkapitals.

Aufgabe 15
A

Berechnen Sie die Eigenkapitalquote.

Aufgabe 16
A

In der Gewinn- und Verlustrechnung der Bürowelt GmbH ist ein Gewinn von 34.412,00 EUR ausgewiesen. Berechnen Sie die Eigenkapitalrendite.

Aufgabe 17
B

Der Lagerarbeiter Hofmann verletzte sich beim Entladen eines Lkw, der Holz angeliefert hat. Laut ärztlicher Bescheinigung, die er einen Tag nach dem Unfall im Personalbüro vorlegt, ist er voraussichtlich vier Tage arbeitsunfähig.

Was müssen Sie bei der Bearbeitung der Meldung beachten?

(1) *Sie melden den Arbeitsunfall innerhalb von sieben Tagen an die Berufsgenossenschaft.*
(2) *Sie sammeln die Unfallmeldungen und leiten diese am Jahresende an das Gewerbeaufsichtsamt weiter.*
(3) *Sie melden den Arbeitsunfall innerhalb von drei Tagen an die zuständige Berufsgenossenschaft.*
(4) *Sie melden den Arbeitsunfall erst, wenn der Verunglückte eine Verlängerung der Arbeitsunfähigkeit über eine Woche hinaus vorlegt.*
(5) *Sie melden den Unfall sofort der zuständigen Polizeibehörde.*

Aufgabe 18
B

Bei Beendigung der Ausbildungszeit hat der Auszubildende Anspruch auf ein Ausbildungszeugnis. Welches Kriterium dürfen Sie bei der Erstellung eines solchen Zeugnisses nicht aufnehmen? ☐

(1) Besondere geistige Fähigkeiten
(2) Außergewöhnliche Fachkenntnisse im EDV-Bereich
(3) Den Grad der Behinderung
(4) Das allgemeine Arbeitsverhalten
(5) Das Sozialverhalten gegenüber dem Vorgesetzten

Aufgabe 19
B

Eine Auszubildende bekommt im zweiten Ausbildungsjahr ein Kind. Sie teilt der Personalabteilung mit, dass sie zwei Jahre Erziehungsurlaub in Anspruch nehmen will. Welche Auswirkungen hat diese Entscheidung auf das Ausbildungsverhältnis? ☐

(1) Das Ausbildungsverhältnis endet nach Ablauf der Mutterschutzfristen.
(2) Das Ausbildungsverhältnis endet zum Ablauf der vereinbarten Vertragsdauer.
(3) Das Ausbildungsverhältnis endet mit einer Frist von vier Wochen nach Antrag auf den Erziehungsurlaub.
(4) Das Ausbildungsverhältnis ruht bis zum Ablauf des beantragten Erziehungsurlaubs.
(5) Das Ausbildungsverhältnis läuft vertragsgemäß weiter. Die Auszubildende muss sich die für die Prüfung erforderlichen Kenntnisse in einer überbetrieblichen Einrichtung aneignen.

Aufgabe 20
B

Anlässlich einer Betriebsversammlung wird über Neuregelungen für die Belegschaft informiert. Bei welchem Punkt wird über eine Betriebsvereinbarung berichtet? ☐

(1) Die BüKo GmbH stellt einem Zulieferungsbetrieb die eigene Lehrwerkstatt für den Werkunterricht unentgeltlich zur Verfügung.
(2) Ein Mitarbeiter der BüKo GmbH erhält eine Gehaltserhöhung.
(3) Ein neu gewähltes Betriebsratsmitglied wird zu einem Betriebsverfassungsseminar freigestellt.
(4) Die BüKo GmbH und die zuständige Gewerkschaft vereinbaren die Herabsetzung der Wochenarbeitszeit.
(5) Die BüKo GmbH und der Betriebsrat einigen sich über die Einführung der Gleitzeit und legen das Ergebnis schriftlich nieder.

Aufgabe 21
B

In der BüKo GmbH finden unterschiedliche Arbeitsentgeltformen Anwendung. Ordnen Sie zu, indem Sie die Kennziffern von drei der insgesamt sechs Formen des Arbeitsentgeltes in die Kästchen bei den Beispielen eintragen.

(1)	Provision	Bezahlung ausschließlich nach Istleistungen	☐
(2)	Zeitlohn	Prozentuale Beteiligung am Umsatz	☐
(3)	Akkordlohn	Ausgabe von Belegschaftsaktien	☐
(4)	Prämienlohn		
(5)	Erfolgsbeteiligung		
(6)	Fixum		

Aufgabe 22
B

Zwei Jugendliche sollen für eine Hausmesse Präsente für die Gäste nach künstlerischen Vorgaben sorgfältig verpacken. Welche Form der Entlohnung halten Sie für diese Tätigkeit am zweckmäßigsten?

(1) *Stückzeitakkord, da die Jugendlichen keine Überstunden machen dürfen, hierbei theoretisch aber auf eine längere Arbeitszeit als 40 Stunden je Woche kommen können.*
(2) *Stückgeldakkord, da die Jugendlichen dadurch in der vorgegebenen 40-Stunden-Woche zu erhöhter gleichmäßiger Leistung gebracht werden können.*
(3) *Zeitlohn mit Qualitätsprämie, da die Jugendlichen dadurch einen Anreiz erhalten, die Arbeit besonders sorgfältig zu erledigen.*
(4) *Gruppenakkord, da die beiden Schüler sich somit gegenseitig in ihrer Leistung anspornen könnten.*
(5) *Zeitlohn und Gruppenakkord, damit die Jugendlichen die Möglichkeit haben, durch erhöhte Anstrengungen in kürzester Zeit ein höheres Entgelt zu erzielen.*

Aufgabe 23
B

Ein Mitarbeiter der Poststelle hat aus der Portokasse 150,00 EUR entwendet und wurde deshalb entlassen. Als er sein Zeugnis erhält, beschwert er sich bei der Personalabteilung, dass bei der Beurteilung der von ihm gewünschte Zusatz „ehrlich und zuverlässig" nicht bescheinigt wurde. Wie begründen Sie die Entscheidung des Zeugniserstellers?

(1) *Das Zeugnis ist ordnungsgemäß erstellt, da in der Poststelle Ehrlichkeit und Zuverlässigkeit keine entscheidende Bedeutung haben.*
(2) *Das Zeugnis ist ordnungsgemäß erstellt worden, da es nicht nur wohlwollend formuliert, sondern auch wahr sein muss.*
(3) *Das Zeugnis muss geändert werden, da es wohlwollende Formulierungen beinhalten muss.*
(4) *Das Zeugnis muss neu ausgestellt werden, da es die Formulierungswünsche des Betroffenen berücksichtigen muss.*
(5) *Das Zeugnis muss nicht geändert werden, da der Arbeitgeber völlige Formulierungsfreiheit hat.*

Aufgabe 24
B

In Ihrem Unternehmen verwalten Sie als Personalsachbearbeiter/-in die Personalakten. An welchen Grundsatz müssen Sie sich halten?

(1) *Jeder Mitarbeiter eines Unternehmens hat das Recht, seine Personalakte einzusehen.*
(2) *Die Personalabteilung darf für leitende Mitarbeiter jeweils mehrere Akten anlegen.*
(3) *Beurteilungen dürfen nur mit Zustimmung des Mitarbeiters erstellt werden.*
(4) *Abmahnungen dürfen nur mit Zustimmung des Betriebsrates aus der Personalakte entfernt werden.*
(5) *Nach Ausscheiden eines Mitarbeiters muss seine Personalakte vernichtet werden.*

Aufgabe 25
B

Ordnen Sie zu, indem Sie die Kennziffern von drei der insgesamt sechs Bildungsmaßnahmen in die Kästchen bei den Arten beruflicher Bildung eintragen.

(1) *Kurzeinweisung in ein neues Kopiergerät*	*Anpassungsfortbildung* ☐
(2) *Krankheitsbedingtes Erlernen eines zweiten Berufs*	*Aufstiegsfortbildung* ☐
(3) *Vorbereitung auf die Prüfung zum Fachwirt*	*Umschulung* ☐
(4) *Mitarbeiterbesprechung zum Thema „Ergebnisverbesserung"*	
(5) *Tagesschulung zur „Rechtschreibreform"*	
(6) *Vertriebsleitertagung zum Thema „Umsatzplanung"*	

Aufgabe 26
B

Während eines zweiwöchigen Urlaubs erkrankt ein Mitarbeiter. Er legt eine Arbeitsunfähigkeitsbescheinigung über vier Tage vor und will diese Zeit im Anschluss an den vereinbarten Urlaub anhängen. Welche Entscheidung teilen Sie dem Mitarbeiter mit?

☐

(1) *Der Mitarbeiter benötigt die Zustimmung des Vorgesetzten und kann die Entscheidung über die Urlaubsverlängerung nicht einseitig treffen.*
(2) *Der Mitarbeiter kann ohne Zustimmung des Vorgesetzten den Urlaub erweitern, wenn ein Kollege zur Abwesenheitsvertretung bereit ist.*
(3) *Der Mitarbeiter kann ohne Zustimmung des Vorgesetzten den Urlaub sofort um die Krankheitstage verlängern.*
(4) *Der Mitarbeiter hat keinen Anspruch auf den Ersatz des entgangenen Urlaubs, da der Arbeitgeber das Risiko für Erkrankungen während des Urlaubs nicht zu tragen hat.*
(5) *Der Mitarbeiter kann die Krankheitstage an den Urlaub hängen, soweit dadurch eine Abwesenheit von drei Wochen nicht überschritten wird.*

Aufgabe 27
B

Die BüKo GmbH ermittelt den Personalbedarf entsprechend der unten aufgeführten Personalbedarfsarten. Welche Personalbedarfsarten ermitteln Sie durch die Auswertung von Fehlzeitenstatistiken?

☐

(1) *Ersatzbedarf*
(2) *Neubedarf*
(3) *Freistellung*
(4) *Einsatzbedarf*
(5) *Reservebedarf*

Aufgabe 28
B

Durch eine betriebsbedingte Auslagerung der Produktion ins benachbarte Ausland sollen zehn Prozent der Arbeitsverhältnisse gekündigt werden. Als Mitarbeiter/-in der Personalabteilung arbeiten Sie an der Erstellung eines Sozialplanes mit. Was beinhaltet laut Betriebsverfassungsgesetz ein Sozialplan?

☐

(1) *Er beinhaltet die Sozialleistung des Unternehmens an die Auszubildenden.*
(2) *Er gibt Auskunft über Anspruch auf Sozialleistungen in einer Gemeinde.*
(3) *Er listet den sozialen Aufwand eines Geschäftsjahres auf.*
(4) *Er legt die sozialen Rahmenbedingungen bei der Abwicklung betriebsbedingter Kündigungen fest.*
(5) *Er schlüsselt die Aufgaben des Ministeriums für Arbeit und Soziales auf.*

Aufgabe 29
B

Ein Auszubildender bittet Sie, ihm über die für ein Ausbildungsverhältnis geltenden gesetzlichen Bestimmungen Auskunft zu geben.

☐

Welche Antwort müssen Sie ihm geben?

(1) *Laut Berufsbildungsgesetz ist der Ausbildende verpflichtet, eine angemessene Ausbildungsvergütung zu zahlen.*
(2) *Das Jugendarbeitsschutzgesetz regelt die tägliche betriebliche Arbeitszeit des Auszubildenden.*
(3) *Laut Berufsbildungsgesetz ist der Auszubildende verpflichtet, eine bestimmte produktive Arbeitsleistung zu erbringen.*
(4) *Laut Berufsbildungsgesetz kann die Probezeit bei Abschluss des Vertrages auf sechs Monate verlängert werden.*
(5) *Der Manteltarifvertrag regelt die tägliche Arbeitszeit des Auszubildenden.*

Aufgabe 30
B

Ihr Personalchef gibt Ihnen die Aufgabe, verschiedene Arbeitsverhältnisse auf die Möglichkeit einer ordentlichen Kündigung zum jetzigen Zeitpunkt zu prüfen. In welchem Fall kann Ihr Personalchef eine rechtswirksame Kündigung aussprechen?

☐

(1) *Bei einem Mitarbeiter, der seit einem Monat seinen Zivildienst ableistet.*
(2) *Bei einem Jugendvertreter während seiner Amtszeit.*
(3) *Bei einem Mitarbeiter, über dessen Kündigung der Betriebsrat nachträglich informiert wird.*
(4) *Bei einem 40-jährigen Mitarbeiter, der zehn Jahre im Betrieb gearbeitet hat, mit einer Frist von vier Wochen zum nächsten Quartalsende.*
(5) *Bei einer Mutter, die keinen Erziehungsurlaub in Anspruch nimmt, acht Monate nach der Niederkunft.*

Aufgabe 31
B

Die Mitarbeiterin Brigitte Heinrich ist laut einer vorliegenden ärztlichen Bescheinigung seit einer Woche arbeitsunfähig. Sie fragt telefonisch bei Ihnen im Personalbüro an, wie lange sie ihr Arbeitsentgelt von der BüKo GmbH bei einer eventuellen Verlängerung der Arbeitsunfähigkeit bezieht.

☐

Welche Auskunft erteilen Sie ihr?

(1) *Das Arbeitsentgelt wird unbegrenzt weiter bezahlt.*
(2) *Das Arbeitsentgelt wird vier Wochen ausbezahlt, danach erhält sie Krankengeld.*
(3) *Frau Heinrich erhält kein Arbeitsentgelt, sondern ab dem ersten Tag Krankengeld, da ein ärztliches Attest vorliegt.*
(4) *Das Arbeitsentgelt wird insgesamt bis zur Dauer von sechs Wochen durch die BüKo GmbH weiter bezahlt.*
(5) *Nach Beendigung der Arbeitsunfähigkeit wird das Arbeitsentgelt für die gesamte Abwesenheit nachbezahlt.*

Aufgabe 32
B

Welche der unten aufgeführten Positionen einer Gehaltsabrechnung erhöhen den auszuzahlenden Betrag?

☐

(1) *Arbeitgeberbeitrag zur gesetzlichen Krankenversicherung*
(2) *Arbeitgeberbeitrag zur gesetzlichen Pflegeversicherung*
(3) *Verrechnung der Miete für die Nutzung einer Werkswohnung*
(4) *Vermögenswirksame Leistungen des Arbeitnehmers*
(5) *Zulage des Arbeitsgebers zu den vermögenswirksamen Leistungen*

Sachverhalt

Sie sind Mitarbeiter/Mitarbeiterin in der BüKo GmbH (siehe nachfolgende Unternehmensbeschreibung).

Beschreibung des Unternehmens

Firma Geschäftszweck Geschäftssitz Registergericht	BüKo GmbH, Büroeinrichtungs- und Kommunikationssysteme Herstellung und Vertrieb von Büroeinrichtungs- und Kommunikationssystemen Ludwig-Thoma-Str. 47, 95447 Bayreuth Amtsgericht Bayreuth HR B 345-0815 USt-Id.-Nummer: DE 999666333123 Die BüKo GmbH ist Mitglied des Arbeitgeberverbandes Der Tarifvertrag findet Anwendung		
Geschäftsjahr	1. Januar bis 31. Dezember		
Bankverbindung Postbankverbindung	Sparkasse Bayreuth Postbank Nürnberg	Konto-Nr. 123456789 Konto-Nr. 987654321	BLZ 773 501 10 BLZ 760 100 85
Produktprogramm (Eigene Erzeugnisse)	– Konferenztische – Konferenzstühle – Besucherstühle – Bürostühle – Regalsysteme		
Dienstleistungen	– Lieferung und Montage der gelieferten Büromöbel – Entsorgung von Altmöbeln		
Handelswaren	Warengruppe 1: Bürotechnik Warengruppe 2: Büroeinrichtung Warengruppe 3: Verbrauch Warengruppe 4: Organisation		
Fertigungsverfahren	Einzel- und Serienfertigung		
Stoffe/Vorprodukte	Rohstoffe: Hilfsstoffe: Betriebsstoffe: Vorprodukte: Energie:	Holz, Furniere, Möbelbezugsstoffe, Scharniere Lacke, Klebstoffe, Schrauben, Nägel Strom, Gas, Wasser, Heizöl, Schmierstoffe Türschlösser, Türknöpfe Strom, Gas	
Mitarbeiter	Angestellte 42 Arbeiter 90 Auszubildende 14		
Bilanzsumme	ca. 20 Mio. EUR		
Umsatz	ca. 100 Mio. EUR		

Bearbeitungshinweise

Bitte beachten Sie folgende Hinweise:

- In den Kontierungsaufgaben sind ausschließlich die vierstelligen Kontennummern aus dem beigefügten Auszug des Kontenplans der BüKo GmbH zu verwenden.
- Werden Unterkonten im Kontenplan genannt, so ist auf diese Unterkonten zu buchen.
- Wenn nichts anderes vorgegeben ist, ist grundsätzlich aufwandsrechnerisch und netto zu buchen.

Sachverhalt

Sachverhalt zur 1. bis 4. Aufgabe

Die bei einem Lieferanten in Nürnberg bestellten Büro-Tischleuchten sind eingetroffen. Der Warensendung ist die abgebildete Eingangsrechnung beigefügt.

Lichttechnik GmbH
Austr. 18, 90429 Nürnberg

Lichttechnik GmbH - Austraße 18 - 90429 Nürnberg

BüKo GmbH
Ludwig-Thoma-Straße 47

95447 Bayreuth

Austraße 18
90429 Nürnberg

Telefon: (0911) 684138-0
Telefax: (0911) 684138-210

Eingegangen am
10. November 20...
BüKo GmbH

Rechnung

Rechnungs-Nummer	Kunden-Nummer	Rechnungsdatum
911368	24307	06.11...
Ihre Auftrags-Nummer	Ihr Auftragsdatum	Unsere Lieferung vom
88389	30.10...	06.11...

Pos.	Artikelnummer	Artikelbezeichnung	Stück	Einzelpreis EUR	Gesamtpreis EUR
1	512560	Büro-Tischleuchte	700	25,50	17.850,00
		Verpackungspauschale			159,90
			Nettobetrag		18.000,00
			+ 19 % Umsatzsteuer		3.420,00
			Rechnungsbetrag brutto		21.420,00

Zahlung: Innerhalb 10 Tagen ab Rechnungsdatum mit 2 % Skonto, innerhalb 30 Tagen netto

Ust.-Id.-Nr.: DE 765 28 7986, Steuer-Nr.: 89/721 138 96

Bankverbindung: Postbank Nürnberg, BLZ 760 100 85, Konto-Nr. 34453344

www.lichttechnik.de

Aufgabe 1
A

Wie müssen Sie die Eingangsrechnung (Re.-Nr. 911368) kontieren?

Tragen Sie die zutreffenden Kontennummern in die Kästchen ein.

Soll			**Haben**		
☐☐☐☐	☐☐☐☐	☐☐☐☐	☐☐☐☐	☐☐☐☐	☐☐☐☐

Sie bezahlen die Eingangsrechnung der Lichttechnik GmbH mit Verrechnungsscheck. Bringen Sie die folgenden Punkte bei der Scheckzahlung in die richtige Reihenfolge, indem Sie die Ziffern 1 bis 5 in die Kästchen eintragen.

Aufgabe 2
A

(1) Die Bank schreibt den Scheckbetrag dem Konto der Lichttechnik GmbH gut. Das Konto der BüKo GmbH wird mit dem Scheckbetrag belastet. ☐

(2) Die Lichttechnik GmbH reicht den Scheck bei ihrer Bank zur Einlösung ein. ☐

(3) Sie stellen den Verrechnungsscheck aus. ☐

(4) Sie senden den Scheck an die Lichttechnik GmbH. ☐

(5) Die BüKo GmbH wird über die Einlösung durch Kontoauszug benachrichtigt. ☐

Warum bezahlen Sie die Eingangsrechnung innerhalb der Skontofrist? ☐

Aufgabe 3
A

(1) Das Konto auf Zugriffe zu einem Skontoertrag in Höhe von 350,00 EUR.

(2) Der gewährte Skontosatz von 2 % entspricht einem Jahreszinssatz von ca. 24 %.

(3) Der gewährte Skontosatz von 2 % entspricht einem Jahreszinssatz von ca. 36 %.

(4) Der gewährte Skontosatz von 2 % entspricht einem Jahreszinssatz von ca. 90 %.

(5) Der Überweisungsbetrag bei Abzug von Skonto beträgt 21.845,00 EUR.

Die Selbstkosten der Büro-Tischleuchten pro Stück betragen 35,00 EUR. Für einen Einzelauftrag sollen Sie den Angebotspreis ermitteln.

Aufgabe 4
A

Wie hoch ist der Netto-Verkaufspreis, wenn 20 % Gewinn und 20 % Kundenrabatt zu berücksichtigen sind?

Die BüKo GmbH nahm bei ihrer Bank einen Kredit in Höhe von 21.000,00 EUR zu 8 % Zinsen auf. Am 1. Dezember zahlt sie den Kredit mit insgesamt 21.840,00 EUR per Banküberweisung zurück.

Aufgabe 5
A

Wann wurde der Kredit aufgenommen?

Sachverhalt

Sachverhalt zur 6. bis 9. Aufgabe

Am vergangenen Wochenende wurde ein Stadtteilfest ausgerichtet, an dem sich die BüKo GmbH mit einem Messestand beteiligte. 3.000 Informationsbroschüren und Poster wurden kostenlos verteilt. Zusätzlich wurden Sonderanfertigungen der als Handelswarenvertriebenen Zwiebelhacker zum Sonderpreis von 9,00 EUR je Stück bar verkauft. Hierfür waren bereits im März 250 Stück eingekauft und gebucht worden.

NANNO DRUCK BERT WENZEL e. K.

Nanno Druck Bert Wenzel e. K. - Burgstr. 16 - 30926 Seelze

BüKo GmbH
Ludwig-Thoma-Straße 47

95447 Bayreuth

Burgstr. 16
30926 Seelze

Tel. 0511 5146-0
Telefax 0511 5147-34

Amtsgericht Hannover HRA 6437

Eingegangen am
8. Mai 20...
BüKo GmbH

Lieferschein/Rechnung

Rechnungs-Nummer	Kunden-Nummer	Rechnungsdatum
12-00-06	182726	04.05...
Ihre Auftrags-Nummer	Ihr Auftragsdatum	Unsere Lieferung vom
Zi. 123.459	04.01...	04.05...

Wir lieferten Ihnen heute frei Haus:

Pos.	Menge	Artikelbezeichnung	Einzelpreis je Einheit in EUR	Gesamtpreis EUR
1	3.000	Informationsbroschüren, A4, Poster	0,72	2.160,00
			Summe	2.160,00
			19 % USt.	410,40
			Gesamt	2.570,40

Begleichen Sie bitte den Rechnungsbetrag innerhalb von 14 Tagen nach Rechnungsdatum durch Zahlung auf unser Konto Nr. 348 989, BLZ 250 502 99 bei der Kreissparkasse Hannover.

Ust.-Id.-Nr.: DE 952 72 8109, Steuer-Nr.: 78/210 653 90

www.nanno.de

Aufgabe 6
A

Wie müssen Sie die abgebildete Eingangsrechnung Nr. 12-00-06 buchen?

Tragen Sie die zutreffenden Kontennummern in die Kästchen ein.

Soll **Haben**

Aufgabe 7
A

Über den Verkauf der Zwiebelhacker liegt Ihnen die Kassenabrechnung über insgesamt 900,00 EUR vor. Wie viel Euro Umsatzsteuer (19 %) sind in diesem Betrag enthalten?

Aufgabe 8
A

Wie müssen Sie den Barverkauf der Zwiebelhacker buchen?

Tragen Sie die zutreffenden Kontennummern in die Kästchen ein.

Soll **Haben**

Aufgabe 9
A

Der Mitarbeiter Manfred Müller kauft sechs Zwiebelhacker zum Sonderpreis. Wie müssen sie den Verkauf buchen, wenn die Verrechnung über sein Gehaltskonto erfolgen soll?

Tragen Sie die zutreffenden Kontennummern in die Kästchen ein.

Soll **Haben**

Aufgabe 10
A

Kontieren Sie die nachstehend abgebildete Eingangsrechnung der Ulrich GmbH. Die bestellten Artikel sind für die Verwendung in den eigenen Büroräumen vorgesehen.

Tragen Sie die zutreffenden Kontennummern in die Kästchen ein.

Soll **Haben**

Sachverhalt

Beleg zur 10. Aufgabe

BÜROBEDARF ULRICH GMBH

Ulrich GmbH - Kanalstraße 28 - 30159 Hannover

BüKo GmbH
Ludwig-Thoma-Straße 47

95447 Bayreuth

Kanalstr. 28
30159 Hannover

Telefon: (0511) 8347120
Telefax: (0511) 8347121

Eingegangen am
20. November 20...
BüKo GmbH

Rechnung

Rechnungs-Nummer	Kunden-Nummer	Rechnungsdatum
3451	5224371	17. Nov. 20..
Bitte bei Zahlung und Rückfragen angeben		

Pos.	Artikelnummer	Artikelbezeichnung	Stück	Einzelpreis EUR	Gesamtpreis EUR
1	2-46988	Tintenpatrone Schwarz für Drucker HP DJ 600	10	42,00	420,00
2	6-25986	Fensterbriefumschläge LD (1.000 Stk.)	10	16,99	169,90
3	6-10562	Kopierpapier A4, weiß (2.500 Blatt)	30	21,95	658,50
				Nettobetrag	1.248,40
				+ 19 % Umsatzsteuer	237,20
				Rechnungsbetrag brutto	21.420,00

Zahlung: Innerhalb 10 Tagen ab Rechnungsdatum mit 2 % Skonto, innerhalb 30 Tagen netto

Ust.-Id.-Nr.: DE 610 24 6261, Steuer-Nr.: 71/021 682 53

Ulrich GmbH - Geschäftsführer Ralf Ulrich - Hannover HRB 4847

Bankverbindung: Stadtsparkasse Hannover (BLZ 250 501 80), Konto-Nr. 546 376 231

Aufgabe 11 A

Kontieren Sie den unten abgebildeten Kontoauszug.

Tragen Sie die zutreffenden Kontennummern in die Kästchen ein.

Soll **Haben**

Sachverhalt

Kontoauszug vom 07.10...					**Sparkasse Bayreuth**
Kto.Nr.	Auszug	Geschäftsstelle	Währung	Soll	Haben
123456789	51	Ludwig-Thoma-Straße	EURO		**19.549,51**
Buchungstag	Wir haben für Sie gebucht		Wert	Umsätze	
06 10	AOK, Mitglieds-Nr. 555862 Sozialversicherungsbeiträge September 20...		06 10	15.685,80	
BüKo GmbH Ludwig-Thoma-Straße 47 95447 Bayreuth		Neuer Kontostand			**3.863,71**

Aufgabe 12 A

Buchen Sie die nachstehend abgebildete Rechnung (Rechn.-Nr. 24-204518).

Tragen Sie die zutreffenden Kontennummern in die Kästchen ein.

Soll **Haben**

BüKo GmbH
Ludwig-Thoma-Str. 47, 95447 Bayreuth

BüKo GmbH, Ludwig-Thoma-Straße 47,95447 Bayreuth

Leuchter GmbH
Elektrogroßhandel
Leyher Str. 274

90431 Nürnberg

Ihr Zeichen: wel
Ihre Nachricht vom: ..-11-07
Unser Zeichen: me
Unsere Nachricht vom:

Name: Herr Meier
Telefon: (0921) 79 213 49
Telefax: (0921) 79 213 59

Rechnung

Rechnungs-Nummer	Kunden-Nummer	Rechnungsdatum
24-204518	G 24371	..-11-17
Ihre Auftrags-Nummer	Ihr Auftragsdatum	Unsere Lieferung vom
50-99302-V	..-11-07	..-11-17

Wir lieferten Ihnen heute frei Haus:

Pos.	Artikelnummer	Artikelbezeichnung	Stück	Einzelpreis EUR	Gesamtpreis EUR
1	H 93020	Halogenlampe 12V/20	200	4,50	900,00
2	H 93050	Halogenlampe 12V/50	300	5,20	1.560,00
3	H 94278	Zugpendelleuchte, chrom/ schwarz, Mattglas	10	120,00	1.200,00
				Nettobetrag	3.660,00
				– 10 % Rabatt	366,00
				+ Verpackungspauschale	30,00
					3.324,00
				19 % USt.	631,56
				Gesamt	3.955,56

Zahlung: Innerhalb 10 Tagen ab Rechnungsdatum mit 2 % Skonto, innerhalb 30 Tagen netto

USt-Id.-Nummer: DE 999666333123, Steuer-Nr.: 39/306 320 74

Bankverbindungen:
Sparkasse Bayreuth, BLZ 773 501 01; Konto-Nr. 123456789
Postbank Nürnberg, BLZ 760 100 85, Konto-Nr. 987654321

www.bueko.de

Aufgabe 13
A

Eine Fertigungsmaschine wurde am 10. Juli angeschafft und hat einen aktivierungspflichtigen Anschaffungswert von 420.000 EUR. Sie wird über fünf Jahre linear abgeschrieben.
Wie buchen Sie die Abschreibung vom 31. Dezember?

Soll		Haben	

Aufgabe 14
A

Wie hoch ist der Abschreibungsbetrag der in Aufgabe 13 angeschafften Fertigungsmaschine im Anschaffungsjahr? ☐

Aufgabe 15
A

Im Rahmen der Abschlussarbeiten in der Buchhaltung werden Sie gebeten, an der Erstellung des Inventars mitzuwirken. Wie gehen Sie vor? ☐

(1) Sie stellen alle Einnahmen und Ausgaben des Geschäftsjahres in einer tabellarischen Übersicht gegenüber.
(2) Sie erfassen die Einnahmen und Ausgaben des Geschäftsjahres und stellen diese in Kontenform dar.
(3) Sie erstellen ein ausführlich gegliedertes tabellarisches Verzeichnis des Anlagevermögens und der Schulden.
(4) Sie erfassen alle Aufwendungen und Erträge der laufenden Rechnungsperiode und stellen diese in einem tabellarischen Verzeichnis gegenüber.
(5) Sie legen ein ausführlich gegliedertes tabellarisches Verzeichnis aller Vermögens-und Schuldenwerte des Geschäftsjahres an.

Aufgabe 16
A

Sie sollen für die monatliche Umsatzsteuer-Voranmeldung die Zahllast ermitteln. Durch welche der folgenden Tätigkeiten ermitteln Sie die Zahllast? ☐

(1) Sie berechnen die Umsatzsteuer für alle erzielten Umsatzerlöse.
(2) Sie erfassen die Ihnen von Ihren Lieferanten in Rechnung gestellte Umsatzsteuer.
(3) Sie ermitteln die Differenz zwischen der Umsatzsteuerschuld und der abzugsfähigen Vorsteuer.
(4) Sie berechnen die Summe der Vorsteuerbeträge, die an das Finanzamt abgeführt werden muss.
(5) Sie erfassen die Summe der am Monatsende noch zu zahlenden Lieferrechnungen.

Aufgabe 17
B

Als Personalsachbearbeiter/-in führen Sie in der BüKo GmbH die Entgeltabrechnung durch. Von welchem Betrag berechnen Sie die Kirchensteuer? ☐

(1) Vom Bruttogehalt abzüglich des Freibetrages
(2) Vom steuerpflichtigen Entgelt
(3) Vom sozialversicherungspflichtigen Entgelt
(4) Vom zu zahlenden Lohnsteuerbetrag
(5) Vom Lohnsteuerbetrag abzüglich des Freibetrages

Aufgabe 18
B

Wer legt die Höhe der Ausbildungsvergütungen bei tarifgebundenen Unternehmen fest? ☐

(1) Die zuständige Industrie- und Handelskammer
(2) Die Tarifpartner der jeweils zuständigen Tarifbereiche
(3) Das Bundesinstitut für berufliche Bildung
(4) Die ausbildenden Betriebe mit ihrem Betriebsrat
(5) Die ausbildenden Betriebe nach der jeweiligen Ausbildungsordnung

Aufgabe 19
B

Bei welcher Vergütung wird der Mitarbeiter am Unternehmenserfolg beteiligt? ☐

(1) Bei der Gewinnbeteiligung
(2) Beim Akkordlohn
(3) Beim Prämienlohn
(4) Beim Leistungslohn
(5) Bei der Provision

Aufgabe 20
B

Sie planen die Organisation der Personalabteilung der BüKo GmbH. Ordnen Sie zu, indem Sie die Kennziffern von drei der insgesamt sieben Aufgaben der Abteilung Personalwesen in die Kästchen bei den Organisationseinheiten eintragen.

(1)	*Verwaltung der betrieblichen Unterstützungskasse*	*Personalbeschaffung*	☐
(2)	*Personalakten führen*	*Personalentwicklung*	☐
(3)	*Gehaltsabrechnung durchführen*	*Sozialwesen*	☐
(4)	*Prüfen der betrieblichen Verbesserungsvorschläge*		
(5)	*Stellengesuche analysieren*		
(6)	*Ausbildungspläne erstellen*		
(7)	*Gehaltsabrechnung durchführen*		

Aufgabe 21
B

Eine neue Mitarbeiterin, verheiratet, zwei Kinder, reicht trotz mehrmaliger Mahnung ihre Lohnsteuerkarte nicht ein. Welche Lohnsteuerklasse legen Sie für die Berechnung ihrer Lohnsteuer zugrunde? ☐

(1) *Steuerklasse I*
(2) *Steuerklasse II*
(3) *Steuerklasse III*
(4) *Steuerklasse IV*
(5) *Steuerklasse V*
(6) *Steuerklasse VI*

Aufgabe 22
B

Welche der folgenden Aussagen zu den Gehaltsabrechnungen der BüKo GmbH trifft nicht zu? ☐

(1) *Die Arbeitgeberanteile zur gesetzlichen Rentenversicherung zählen zu den Personalkosten der BüKo GmbH.*
(2) *Die gebuchten Arbeitnehmeranteile zur Sozialversicherung sind erfolgsneutral.*
(3) *Die einbehaltene Lohn- und Kirchensteuer, der Solidaritätszuschlag sowie die einbehaltenen Arbeitnehmeranteile zur Sozialversicherung sind für die BüKo GmbH zusätzliche Aufwendungen.*
(4) *Die Arbeitgeberanteile zur gesetzlichen Krankenversicherung vermindern den Gewinn der BüKo GmbH.*
(5) *Bruttogehälter und Bruttolöhne sind Aufwendungen und werden in der Kontenklasse 6 gebucht.*

Aufgabe 23
B

Welcher Geschäftsfall liegt dem folgenden Buchungssatz zugrunde? ☐

2640 Sozialversicherungen - Beitragsvorauszahlungen
an 2800 Guthaben bei Kreditinstituten

(1) *Rückzahlung der zu viel gezahlten Sozialversicherungsbeiträge*
(2) *Überweisung der Arbeitgeber- und Arbeitnehmerbeiträge zur Sozialversicherung*
(3) *Überweisung der Nettogehälter auf die Bankkonten der Arbeitnehmer*
(4) *Überweisung von Gehaltsvorschüssen*
(5) *Buchung des Arbeitgeberanteils zur Sozialversicherung*

Aufgabe 24
B

Als Mitarbeiter/-in der Personalabteilung bekommen Sie folgende Personalanforderung: „Mitarbeiter/-innen für die Einkaufsabteilung, Ausbildung im Hause, mehrjährige Berufserfahrung in der Vertriebsabteilung“. ☐

Wie gehen Sie vor?

(1) *Sie wenden sich an das Arbeitsamt, um geeignete Bewerber zu finden.*
(2) *Sie lassen in verschiedenen Tageszeitungen eine Stellenanzeige veröffentlichen.*
(3) *Sie vermitteln einen Auszubildenden im letzten Ausbildungsjahr an die Einkaufsabteilung.*
(4) *Sie beauftragen einen privaten Stellenvermittler, einen geeigneten Angestellten zu finden.*
(5) *Sie verfassen eine interne Stellenausschreibung, um geeignete Bewerber zu finden.*

Wo ist ein Arbeitnehmer im Falle eines Arbeits- bzw. Wegeunfalles gesetzlich versichert? ☐

Aufgabe 25
B

(1) Bei der zuständigen Krankenkasse
(2) Bei seinem Arbeitgeber
(3) Bei der zuständigen Berufsgenossenschaft
(4) Bei der privaten Berufsunfallversicherung
(5) Bei der Gemeindeunfallversicherung der betreffenden Gemeinde

In der BüKo GmbH soll eine Betriebsvereinbarung über die Pausenregelung abgeschlossen werden. Wie wird diese Betriebsvereinbarung abgeschlossen? ☐

Aufgabe 26
B

(1) Sie wird als ein Vertrag zwischen Arbeitgeber und Gewerkschaften abgeschlossen.
(2) Sie kann sowohl mündlich als auch schriftlich abgeschlossen werden, da keine besonderen Formvorschriften zu beachten sind.
(3) Sie wird schriftlich zwischen dem Arbeitgeber und den gewerkschaftlich organisierten Arbeitnehmern abgeschlossen.
(4) Sie wird schriftlich zwischen Arbeitgeber und Betriebsrat abgeschlossen.
(5) Sie wird formlos zwischen der Belegschaft und dem Betriebsrat abgeschlossen.

Welche Arbeitszeitregelungen gelten für eine 17-jährige Auszubildende? ☐

Aufgabe 27
B

(1) Es besteht keine gesetzliche Einschränkung. Alle Betriebsangehörigen können gleich lange arbeiten.
(2) Sie darf nicht mehr als 40 Stunden wöchentlich beschäftigt werden.
(3) Die Arbeitszeit darf Montag bis Freitag an allen Tagen mehr als 8 Stunden betragen.
(4) Durch eine Gleitzeitregelung im Betrieb können alle Vorschriften des Jugendarbeitsschutzgesetzes aufgehoben werden.
(5) Aufgrund einer tarifvertraglichen Regelung kann die Auszubildende auch zur Nachtschicht eingeteilt werden.

Ihnen als Sachbearbeiter/-in in der Personalabteilung legt eine Mitarbeiterin eine ärztliche Bescheinigung vor, die ihre Schwangerschaft bestätigt. Sie möchte Aufklärung über Bestimmungen aus dem Mutterschutzgesetz. ☐

Aufgabe 28
B

Welche Auskunft entspricht nicht den Regelungen des Mutterschutzgesetzes?

(1) Werdende Mütter dürfen in den letzten sechs Wochen vor der Entbindung nicht beschäftigt werden, es sei denn, dass sie sich zur Arbeitsleistung ausdrücklich bereit erklären.
(2) Werdende Mütter müssen bis spätestens zu Beginn des dritten Schwangerschaftsmonats dem Arbeitgeber ihre Schwangerschaft und den voraussichtlichen Tag der Entbindung mitteilen.
(3) Wöchnerinnen dürfen bis zum Ablauf von acht Wochen nach der Entbindung nicht beschäftigt werden.
(4) Stillenden Müttern ist auf ihr Verlangen die zum Stillen erforderliche Zeit, mindestens aber zweimal täglich 0,5 Stunden oder einmal täglich 1 Stunde, freizugeben.
(5) Die Kündigung einer Frau während der Schwangerschaft bis zum Ablauf von sechs Monaten nach der Entbindung ist unzulässig, wenn dem Arbeitgeber zum Zeitpunkt der Kündigung die Schwangerschaft bzw. die Entbindung bekannt ist.

Die Beiträge der BüKo GmbH zur gesetzlichen Unfallversicherung für die Mitarbeiter sind zu entrichten. An wen veranlassen Sie die Überweisung? ☐

Aufgabe 29
B

(1) An die Bundesagentur für Arbeit
(2) An die Berufsgenossenschaft
(3) An die deutsche Rentenversicherung
(4) An die gesetzliche Krankenversicherung
(5) An das zuständige Finanzamt

Aufgabe 30
B

Von der Lohn- und Gehaltsabrechnung sind die Beiträge zur Sozialversicherung der Arbeitnehmer abzuführen. An wen müssen Sie diese Beiträge entrichten?

(1) An die Rentenversicherung
(2) An die gesetzliche Krankenkasse
(3) An das Finanzamt
(4) An die Gemeinde
(5) An die Berufsgenossenschaft

Aufgabe 31
B

Am 1. Juli 20... nimmt ein neuer Mitarbeiter seine Tätigkeit in der kaufmännischen Verwaltung auf. Welche arbeitsrechtliche Vorschrift gilt für ihn?

(1) Er muss bei der Gewerbeaufsichtsbehörde eine Arbeitserlaubnis beantragen.
(2) Er muss ein ärztliches Gesundheitszeugnis beim Personalbüro vorlegen.
(3) Er muss sich beim Betriebsrat vorstellen.
(4) Er muss die im Betrieb festgelegte Arbeitszeit einhalten.
(5) Er muss seinen bisherigen Sozialversicherungsverlauf aus vorherigen Arbeitsverhältnissen beim Personalbüro vorlegen.

Aufgabe 32
B

Sie sollen Teilnehmer für ein innerbetriebliches EDV-Tabellenkalkulationsseminar einladen. Es haben sich mehr Interessenten gemeldet, als Plätze zur Verfügung stehen.

Welcher Gruppe von Arbeitnehmern sollten Sie absolute Priorität bei der Vergabe der Plätze geben?

(1) Den Mitgliedern der Geschäftsleitung
(2) Den Mitgliedern des Betriebsrates
(3) Den Ausbildern von gewerblichen Auszubildenden
(4) Den Teilnehmern der Fachschule für Bürokommunikation
(5) Den Mitarbeitern, die Statistiken aufbereiten und in geeigneter Form darstellen müssen

Sachverhalt

Sie sind Mitarbeiter/Mitarbeiterin in der BüKo GmbH (siehe nachfolgende Unternehmensbeschreibung).

Beschreibung des Unternehmens

Firma Geschäftszweck Geschäftssitz Registergericht	BüKo GmbH, Büroeinrichtungs- und Kommunikationssysteme Herstellung und Vertrieb von Büroeinrichtungs- und Kommunikationssystemen Ludwig-Thoma-Str. 47, 95447 Bayreuth Amtsgericht Bayreuth HR B 345-0815 USt-Id.-Nummer: DE 999666333123 Die BüKo GmbH ist Mitglied des Arbeitgeberverbandes Der Tarifvertrag findet Anwendung		
Geschäftsjahr	1. Januar bis 31. Dezember		
Bankverbindung Postbankverbindung	Sparkasse Bayreuth Postbank Nürnberg	Konto-Nr. 123456789 Konto-Nr. 987654321	BLZ 773 501 10 BLZ 760 100 85
Produktprogramm (Eigene Erzeugnisse)	– Konferenztische – Konferenzstühle – Besucherstühle – Bürostühle – Regalsysteme		
Dienstleistungen	– Lieferung und Montage der gelieferten Büromöbel – Entsorgung von Altmöbeln		
Handelswaren	Warengruppe 1: Bürotechnik Warengruppe 2: Büroeinrichtung Warengruppe 3: Verbrauch Warengruppe 4: Organisation		
Fertigungsverfahren	Einzel- und Serienfertigung		
Stoffe/Vorprodukte	Rohstoffe: Hilfsstoffe: Betriebsstoffe: Vorprodukte: Energie:	Holz, Furniere, Möbelbezugsstoffe, Scharniere Lacke, Klebstoffe, Schrauben, Nägel Strom, Gas, Wasser, Heizöl, Schmierstoffe Türschlösser, Türknöpfe Strom, Gas	
Mitarbeiter	Angestellte 42 Arbeiter 90 Auszubildende 14		
Bilanzsumme	ca. 20 Mio. EUR		
Umsatz	ca. 100 Mio. EUR		

Bearbeitungshinweise

Bitte beachten Sie folgende Hinweise:

- In den Kontierungsaufgaben sind ausschließlich die vierstelligen Kontennummern aus dem beigefügten Auszug des Kontenplans der BüKo GmbH zu verwenden.
- Werden Unterkonten im Kontenplan genannt, so ist auf diese Unterkonten zu buchen.
- Wenn nichts anderes vorgegeben ist, ist grundsätzlich aufwandsrechnerisch und netto zu buchen.

Aufgabe 1 A

Wie müssen Sie die Rechnung Nr. 24-87523 buchen?

Tragen Sie die zutreffenden Kontennummern in die Kästchen ein.

Soll		Haben	

Sachverhalt

BüKo GmbH
Ludwig-Thoma-Str. 47, 95447 Bayreuth

BüKo GmbH - Ludwig-Thoma-Straße 47 - 95447 Bayreuth

Hans Hase
Elektrogroßhandel
Fürther Str. 176

22307 Hamburg

Ihr Zeichen: wie
Ihre Nachricht vom: ..04-01
Unser Zeichen: me
Unsere Nachricht vom:

Name: Herr Meier
Telefon: (0921) 79 213 49
Telefax: (0921) 79 213 59

Rechnung

Rechnungs-Nummer	Kunden-Nummer	Rechnungsdatum
24-87523	G 24169	..-04-07
Ihre Auftrags-Nummer	Ihr Auftragsdatum	Unsere Lieferung vom
Zi. 67-00	..-04-01	..-04-07

Wir lieferten Ihnen heute per Speditionsfracht frei Haus:

Pos.	Artikelnummer	Artikelbezeichnung	Stück	Einzelpreis EUR	Gesamtpreis EUR
1	H 93020	Halogenlampe 12V/20	100	4,50	450,00
2	H 93050	Halogenlampe 12V/50	300	5,20	1.560,00
3	E 80373	Energiesparlampe 11W/60	100	8,50	850,00
4	E 80376	Energiesparlampe 15W/75	200	8,90	1.750,00
				Nettobetrag	4.670,00
				+ Leihverpackung	130,00
					4.800,00
				19 % USt.	912,00
				Gesamt	5.712,00

Zahlung: Innerhalb 10 Tagen ab Rechnungsdatum mit 2 % Skonto, innerhalb 30 Tagen netto

USt-Id.-Nummer: DE 999666333123, Steuer-Nr.: 39/306 320 74

Bankverbindungen:
Sparkasse Bayreuth, BLZ 773 501 01; Konto-Nr. 123456789
Postbank Nürnberg, BLZ 760 100 85, Konto-Nr. 987654321

www.bueko.de

Aufgabe 2
A

Beim Warenversand an die Hans Hase OHG erhalten Sie die unten abgebildete Rechnung der Spedition Oli Phant KG.

Wie müssen Sie diese Eingangsrechnung buchen? Tragen Sie die zutreffenden Kontennummern in die Kästchen ein.

Soll		Haben	

Sachverhalt

Spedition Oli Phant KG
Am Bahndamm 78, 30453 Hannover

Spedition Oli Phant KG - Am Bahndamm 78 - 30453 Hannover

BüKo GmbH
Ludwig-Thoma-Straße 47

95447 Bayreuth

Ihr Zeichen: wa
Ihre Nachricht vom: 6. April 20..
Unser Zeichen: wie
Unsere Nachricht vom:

Name: Herr Waldmann
Telefon: (0921) 41 71 18
Telefax: (0921) 41 71 18 9

Eingegangen am
18. April 20...
BüKo GmbH

14. April 20...

Rechnung Nr. 56878

Frachtkosten für Auftrag vom 6. April 20...		65,20 EUR
Empfänger Hans Hase OHG, Hamburg		
Auslagen		2,80 EUR
	Summe	68,00 EUR
	19 % USt.	12,29 EUR
	Gesamt	80,92 EUR

USt.-Id.-Nummer: DE 103390701
Steuer-Nr.: 20833860049

Bankverbindung: Sparkasse Hannover, BLZ 250 501 80, Konto-Nr. 812284321

Aufgabe 3
A

Bei der Fakturierung der Rechnung wurde der Hans Hase OHG versehentlich kein Rabatt eingeräumt. In einem Schreiben bittet die Hans Hase OHG um eine Gutschrift.

Wie müssen Sie die Gutschrift Nr. 8-89321-9 (siehe nachfolgende Abbildung) buchen? Tragen Sie die zutreffenden Kontennummern in die Kästchen ein.

Soll		Haben	

Sachverhalt

BüKo GmbH
Ludwig-Thoma-Str. 47, 95447 Bayreuth

BüKo GmbH, Ludwig-Thoma-Straße 47, 95447 Bayreuth

Hans Hase OHG
Elektrogroßhandel
Fürther Str. 176

22307 Hamburg

Ihr Zeichen: me
Ihre Nachricht vom: 10.04.20..
Unser Zeichen: wie
Unsere Nachricht vom:

Name: Herr Meier
Telefon: (0921) 79 213 49
Telefax: (0921) 79 213 59

Gutschrift

Datum: 16.04.20.....
Gutschrift-Nr.: 8-89321-9

Versehentlich wurde mit Rechnung Nr. 24-87523 vom 7. April... der Ihnen zustehende Rabatt nicht berücksichtigt.

Wir schreiben Ihnen deshalb gut:

Nettobetrag	4.670,00 EUR
daraus 20 %	934,00 EUR
+ 19 % Umsatzsteuer	177,46 EUR
Gutschriftbetrag	1.111,46 EUR

USt.-Id.-Nummer: DE 999666333123, Steuer-Nr.: 39/306 320 74
Bankverbindungen:
Sparkasse Bayreuth, BLZ 773 501 01; Konto-Nr. 123456789
Postbank Nürnberg, BLZ 760 100 85, Konto-Nr. 987654321

www.bueko.de

Aufgabe 4
A

Die Hans Hase OHG sendet Ihnen die berechnete Leihverpackung zurück und erhält dafür eine Gutschrift (siehe nachfolgende Abbildung).

Wie müssen Sie die Gutschrift Nr. 8-91375-5 buchen? Tragen Sie die zutreffenden Kontennummern in die Kästchen ein.

Soll		Haben	
□□□□	□□□□	□□□□	□□□□

Sachverhalt

BüKo GmbH
Ludwig-Thoma-Str. 47, 95447 Bayreuth

BüKo GmbH, Ludwig-Thoma-Straße 47, 95447 Bayreuth

Hans Hase OHG
Elektrogroßhandel
Fürther Str. 176

22307 Hamburg

Ihr Zeichen: me
Ihre Nachricht vom: 11.04.20..
Unser Zeichen: wie
Unsere Nachricht vom:

Name: Herr Meier
Telefon: (0921) 79 213 49
Telefax: (0921) 79 213 59

Gutschrift

Datum: 22.04.20..
Gutschrift-Nr.: 8-91375-5

Für die zurückgesandte Leihverpackung schreiben wir Ihnen gut:

Verpackungswert	130,00 EUR
+ 19 % Umsatzsteuer	23,70 EUR
Gutschriftbetrag	154,70 EUR

USt.-Id.-Nummer: DE 999666333123, Steuer-Nr.: 39/306 320 74

Bankverbindungen:
Sparkasse Bayreuth, BLZ 773 501 01; Konto-Nr. 123456789
Postbank Nürnberg, BLZ 760 100 85, Konto-Nr. 987654321

www.bueko.de

Aufgabe 5 A

Die Hans Hase OHG bezahlt am 29. April. Der Eingang des Geldes ist auf dem nachstehend abgebildeten Kontoauszug vom 9. Mai ausgewiesen.

Wie müssen Sie den Zahlungseingang buchen? Tragen Sie die zutreffenden Kontennummern in die Kästchen ein.

Soll		Haben	

Sachverhalt

Beleg zur Aufgabe 5

Kontoauszug vom 09.05...						**Sparkasse Bayreuth**	
Kto.Nr.		Auszug	Geschäftsstelle	Währung		Soll	Haben
123456789		15	Ludwig-Thoma-Straße	EURO			**11.235,89**
Buchungstag		Wir haben für Sie gebucht		Wert		Umsätze	
29	04	Gutschrift Rechnung Nr. 24-87523 v. 7. April abzgl. Gutschriften Nr. 8-89321-9 v. 16. April und Nr. 8-91375-5 v. 22. April		29	04	4.445,84	
BüKo GmbH Ludwig-Thoma-Straße 47 95447 Bayreuth				Neuer Kontostand			**6.790,05**

Aufgabe 6
A

Wie lange muss die BüKo GmbH die Eingangsrechnung der Oli Phant KG (Aufg. 2) nach den gesetzlichen Regelungen (HGB) aufbewahren?

☐

(1) Die BüKo GmbH muss den Beleg bis zum 31.12. des gleichen Jahres aufbewahren.
(2) Die Aufbewahrungspflicht beträgt 6 Jahre und läuft ab dem Rechnungsdatum.
(3) Die Aufbewahrungspflicht beträgt 6 Jahre und beginnt ab dem 31.12. des Jahres, in dem die Rechnung eingegangen ist.
(4) Die Aufbewahrungspflicht beträgt 10 Jahre und beginnt ab dem 31.12. des Jahres, in dem die Rechnung eingegangen ist.
(5) Eingangsrechnungen sind grundsätzlich nicht aufzubewahren.

Aufgabe 7
A

Welche Auswirkungen haben Abschreibungen für ein Unternehmen, wenn es ein positives Ergebnis erwirtschaftet?

☐

(1) Sie erhöhen den Umsatz.
(2) Sie führen zu einem hohen Anlagekapitalausweis.
(3) Sie verringern die Steuerlast.
(4) Sie verringern die Liquidität.
(5) Sie erhöhen den Gewinn.

Aufgabe 8
A

Die Elektrogroßhandlung Müller & Co. bestellt aufgrund eines verbindlichen Angebots 30 Bürolampen bei der BüKo GmbH. Die Rechnung beinhaltet folgende Zahlungsbedingungen: „zahlbar innerhalb von acht Tagen nach Erhalt der Rechnung mit 2 % Skonto, innerhalb von 30 Tagen nach Erhalt netto." Wann kommt die Elektrogroßhandlung Müller & Co. frühestens in Zahlungsverzug (Nicht-rechtzeitig-Zahlung)?

☐

(1) Sofort nach Erhalt der ordnungsgemäß gelieferten Bürolampen.
(2) Nach dem Tag der Zustellung eines gerichtlichen Mahnbescheides.
(3) Nach Zusendung eines formlosen Kontoauszuges.
(4) Nach Ablauf der angegebenen Frist von 30 Tagen.
(5) Mit einer Mahnung und Fristsetzung, die dem Kunden nach Ablauf des Zahlungsziels zugesandt wird.

Aufgabe 9
A

Sie erläutern einem Mitarbeiter die wesentlichen Gesichtspunkte der in Ihrem Unternehmen neu eingeführten permanenten Inventur. Welche Beschreibung ist korrekt? ☐

(1) *Bei der permanenten Inventur wird auf eine körperliche Bestandsaufnahme verzichtet, da die Bestände dauernd (permanent) aus der Lagerkartei abgelesen werden können.*
(2) *Bei der permanenten Inventur werden die Zu- und Abgänge von Vorräten durch laufende Mengenfortschreibung in der Lagerkartei erfasst. Alle Bestände müssen mindestens einmal im Jahr körperlich aufgenommen und mit den Soll-Beständen der Lagerkartei verglichen werden.*
(3) *Bei der permanenten Inventur werden regelmäßig (permanent) Forderungen und Verbindlichkeiten ermittelt und für die Bilanzierung gegenübergestellt.*
(4) *Bei der permanenten Inventur müssen nach gesetzlichen Vorschriften mehrere Male im Jahr die Bestände körperlich aufgenommen und mit den Soll-Beständen der Lagerkartei abgestimmt werden.*
(5) *Bei der permanenten Inventur werden laufend Bestände körperlich überprüft. Eine buchhalterische Erfassung erfolgt einmal im Jahr.*

Beleg zur 10. bis 15. Aufgabe

Sachverhalt

CompTech GmbH
DV-Systeme - Bürokommunikation
Ringstr. 6, 30457 Hannover

CompTech GmbH - Ringstr. 6 - 30457 Hannover

BüKo GmbH
Ludwig-Thoma-Straße 47

95447 Bayreuth

Ringstr. 6
30457 Hannover

Telefon: (0511) 8347120
Telefax: (0511) 8347121

Eingegangen am
30. Juni 20...
BüKo GmbH

Rechnung

Rechnungs-Nummer	Kunden-Nummer	Rechnungsdatum
99-351	2224371	21. Juni 20..
Ihre Auftrags-Nummer	Ihr Auftragsdatum	Unsere Lieferung vom
2785311	10. Juni 20..	21. Juni 20..

Pos.	Artikelnummer	Artikelbezeichnung	Stück	Einzelpreis EUR	Gesamtpreis EUR
1	NB 46988	Notebook Apple McBook Pro MC721/D	1	1.599,00	1.599,00
		abzgl. 10 % Rabatt			159,90
				Nettobetrag	1.439,10
				+ 19 % Umsatzsteuer	273,43
				Rechnungsbetrag brutto	1.712,53

Zahlung: Innerhalb 10 Tagen ab Rechnungsdatum mit 2 % Skonto, innerhalb 30 Tagen netto

Ust.-IdNr.: DE517 68 2186, Steuer-Nr.: 37/213 790 38
Bankverbindung: Deutsche Bank Hannover, BLZ 25070070, Kto-Nr. 9182736455

www.comtech.de

Aufgabe 10
A

Sie erhalten die abgebildete Rechnung der CompTech GmbH. Wie müssen Sie bei der Rechnungsprüfung vorgehen? ☐

(1) Bei langjährigen zuverlässigen Lieferanten müssen sie die Rechnung nicht weiter prüfen.
(2) Sie müssen die Höhe des Einzelpreises und des Sofortrabattes mit den vereinbarten Vertragsbedingungen vergleichen.
(3) Da die Unterschrift fehlt, dürfen Sie die Rechnung nicht anerkennen.
(4) Sie beanstanden die Rechnung bei der CompTech GmbH, da der Rechnungsbetrag fehlerhaft ist.
(5) Da die Rechnung rechnerisch richtig ist, weisen Sie ohne weitere Rückfragen die sofortige Zahlung an.

Aufgabe 11
A

Wie müssen Sie nach erfolgter sachlicher und rechnerischer Prüfung die Eingangsrechnung 99-351 buchen?

Tragen Sie die zutreffenden Kontennummern in die Kästchen ein.

Soll		Haben	
☐☐☐☐	☐☐☐☐	☐☐☐☐	☐☐☐☐

Aufgabe 12
A

Die Eingangsrechnung der CompTech GmbH wurde von Ihnen am 6. Juli unter Abzug von 2 % Skonto durch Banküberweisung bezahlt.

Wie buchen Sie den Zahlungsausgleich?

Tragen Sie die zutreffenden Kontennummern in die Kästchen ein.

Soll			Haben		
☐☐☐☐	☐☐☐☐	☐☐☐☐	☐☐☐☐	☐☐☐☐	☐☐☐☐

Aufgabe 13
A

Sie werden gebeten, die am 28. Juni 20... beschafften Notebooks in Restbuchwert am Ende des ersten Nutzungsjahres bei linearer Abschreibungsmethode zu ermitteln. Gehen Sie von einem Anschaffungswert von 1.439,10 EUR aus. Die Nutzungsdauer des Notebooks beträgt drei Jahre.

Wie viel Euro beträgt der Restbuchwert des Notebooks am 31. Dezember im Jahr der Anschaffung, wenn die Notebooks mit dem maximal möglichen Betrag abgeschrieben werden? ☐

Aufgabe 14
A

Wie müssen Sie die Abschreibung des Notebooks zum 31. Dezember kontieren?

Tragen Sie die zutreffenden Kontennummern in die Kästchen ein.

Soll		Haben	
☐☐☐☐	☐☐☐☐	☐☐☐☐	☐☐☐☐

Aufgabe 15
A

Welche Auswirkungen hat die Abschreibung der Notebooks auf den Unternehmenserfolg? ☐

(1) Die Abschreibung vermindert den Unternehmenserfolg über das Gewinn- und Verlustkonto.
(2) Die Abschreibung ist erfolgsneutral und hat keine Auswirkung auf den Unternehmenserfolg.
(3) Die Abschreibung erhöht die abzuführende Unternehmenssteuer und damit den Unternehmensgewinn.
(4) Die Abschreibung erhöht das Eigenkapital und damit den Unternehmenserfolg.
(5) Die Abschreibung hat keinen Einfluss auf den Unternehmenserfolg, da die Abschreibungssätze vom Finanzamt festgelegt werden.

Aufgabe 16
A

Angenommen die BüKo GmbH verkauft die gebrauchten Notebooks an einen privaten Käufer. ☐

Welche der folgenden Aussagen zur Buchung beim Verkauf gebrauchter Anlagegüter trifft zu?

(1) Es werden in jedem Fall die gewinnabhängigen Steuern erhöht.
(2) Es werden in keinem Fall die gewinnabhängigen Steuern erhöht.

(3) *Der Verkauf wirkt sich nicht auf die Gewinn- und Verlustrechnung aus.*
(4) *Ist der Netto-Verkaufserlös höher als der Restbuchwert, erhöht sich der Gewinn.*
(5) *Ist der Netto-Verkaufserlös niedriger als der Restbuchwert, erhöht sich der Gewinn.*

Sachverhalt zur 17. bis 25. Aufgabe — *Sachverhalt*

Sie sind in der BüKo GmbH als Mitarbeiterin/Mitarbeiter der Personalverwaltung beschäftigt.

Aufgabe 17 — *B*

Im Januar kommenden Jahres wird der derzeitige Jugend- und Auszubildendenvertreter seine Ausbildung beenden. Aufgrund der Geschäftslage kann er danach nur für sechs Monate übernommen werden. Entscheiden Sie, ob eine schriftliche Benachrichtigung des Auszubildenden erfolgen muss. ☐

(1) *Eine schriftliche Benachrichtigung ist nicht erforderlich, da das Ende der Berufsausbildung durch das Berufsbildungsgesetz eindeutig geklärt ist. Für die Folgezeit wird ein befristetes Arbeitsverhältnis vertraglich neu geregelt.*
(2) *Eine schriftliche Benachrichtigung muss auf jeden Fall erfolgen, da sonst nach der Berufsausbildung ein unkündbares Arbeitsverhältnis zwischen dem Ausgebildeten und der BüKo GmbH entstehen würde.*
(3) *Eine schriftliche Benachrichtigung kann unterbleiben, wenn der Auszubildende rechtzeitig vor Beendigung des Ausbildungsverhältnisses einen schriftlichen Vertrag auf Weiterbeschäftigung stellt.*
(4) *Eine schriftliche Benachrichtigung ist überflüssig, wenn die befristete Übernahme aller Auszubildenden der BüKo GmbH durch eine Betriebsvereinbarung eindeutig geregelt ist.*
(5) *Eine schriftliche Benachrichtigung muss auf jeden Fall erfolgen, da sonst ein unbefristetes Arbeitsverhältnis zwischen dem Ausgebildeten und der BüKo GmbH entstehen würde.*

Aufgabe 18 — *B*

Welche Vereinbarung finden Sie im Lohn- und Gehaltstarifvertrag? ☐

(1) *Urlaubsgeld*
(2) *Überstundenzuschläge*
(3) *Mehrarbeitsvergütung*
(4) *Lohnsätze für die verschiedenen Lohn- und Gehaltsgruppen*
(5) *Kurzarbeitsausgleichungszuschläge*

Aufgabe 19 — *B*

In Ihrem Unternehmen ist es üblich, die Mitarbeiter/-innen alle zwei Jahre zu beurteilen. Bringen Sie die folgenden Arbeitsschritte bei der Personalbeurteilung in die richtige Reihenfolge, indem Sie die Ziffern 1 bis 6 in die Kästchen eintragen.

(1) *Beobachten des Leistungsverhaltens des Mitarbeiters* ☐
(2) *Einladen zu Mitarbeitergespräch* ☐
(3) *Vereinbaren von Maßnahmen für die Zukunft* ☐
(4) *Aufzeigen von Stärken und Schwächen des Mitarbeiters im Mitarbeitergespräch* ☐
(5) *Zuordnung der Kriterien zum Leistungsverhalten des Mitarbeiters* ☐
(6) *Aufstellen von Kriterien für die Beurteilung* ☐

Aufgabe 20 — *B*

In der BüKo GmbH soll ein Personaldatensystem eingerichtet werden. Auf welchen der folgenden Punkte muss der Datenschutzbeauftragte dabei nicht achten? ☐

(1) *Nur bestimmte Mitarbeiter dürfen mit dem System arbeiten.*
(2) *Bestimmte Mitarbeiter dürfen nur auf bestimmte Datensegmente zugreifen.*
(3) *Die bestimmten Mitarbeiter dürfen nur in Anwesenheit eines Vorgesetzten Daten aufrufen.*
(4) *Nur bestimmte Mitarbeiter dürfen die Personaldaten erfassen.*
(5) *Die bestimmten Mitarbeiter spezifizieren sich beim Zugriff mit einem Passwort.*

Aufgabe 21
B

Ein kaufmännischer Mitarbeiter wurde in Ihrem Unternehmen eingestellt. Welche Unterlage wird ihm sofort zurückgegeben?

(1) Die Lohnsteuerkarte
(2) Die Urlaubsbescheinigung des letzten Arbeitgebers
(3) Der Personalfragebogen
(4) Die Mitgliedsbescheinigung seiner Krankenkasse
(5) Die Geburtsurkunde

Aufgabe 22
B

Ein Arbeitnehmer ist aufgrund eines Herzleidens zwei Monate arbeitsunfähig geschrieben. Wer zahlt ihm nach Ablauf der Entgeltfortzahlungsfrist die Bezüge?

(1) Die Krankenkasse
(2) Das Arbeitsamt
(3) Die Pflegekasse
(4) Die Bundesanstalt für Arbeit
(5) Die Berufsgenossenschaft

Aufgabe 23
B

Ein 17-jähriger Auszubildender bricht sich auf dem direkten Anfahrtsweg zum Ausbildungsbetrieb ein Bein. Wer trägt die Kosten für die Heilbehandlung?

(1) Die Pflegeversicherung des Auszubildenden
(2) Die Krankenversicherung des Auszubildenden
(3) Die Haftpflichtversicherung des Ausbildungsbetriebs
(4) Die Insassenunfallversicherung des Auszubildenden
(5) Die Berufsgenossenschaft des Ausbildungsbetriebs

Aufgabe 24
B

Wo findet man eine Regelung über Aufgaben und Zuständigkeiten eines Sachbearbeiters?

(1) In der Stellenbeschreibung
(2) Im Arbeitsablaufplan
(3) Im Personaleinsatzplan
(4) In der Arbeitsanordnung
(5) Im Betriebsgliederungsplan

Sachverhalt

Ein Mitarbeiter des Unternehmens möchte am 3. Mai wissen, wie viele Arbeitstage Urlaub ihm noch für das laufende Jahr zustehen. Insgesamt beträgt der tarifliche Urlaubsanspruch 28 Arbeitstage pro Jahr (Arbeitszeit Montag bis Freitag).

Folgende Fehlzeiten liegen vor:

23. Januar bis 6. Februar	Tarifurlaub
5. April bis 12. April	Tarifurlaub
13. April bis 15. April	Krankenhausaufenthalt

Aufgabe 25
B

Ermitteln Sie mithilfe des abgebildeten Kalenders, wie viele Arbeitstage Resturlaub ihm am 3. Mai noch zustehen?

(1) 8
(2) 11
(3) 12
(4) 13
(5) 15

Kalender zur Aufgabe 25

Sachverhalt

Januar

KW	MO	DI	MI	DO	FR	SA	SO
01		1	2	3	4	5	6
02	7	8	9	10	11	12	13
03	14	15	16	17	18	19	20
04	21	22	23	24	25	26	27
05	28	29	30	31			

Februar

KW	MO	DI	MI	DO	FR	SA	SO
05					1	2	3
06	4	5	6	7	8	9	10
07	11	12	13	14	15	16	17
08	18	19	20	21	22	23	24
09	25	26	27	28			

März

KW	MO	DI	MI	DO	FR	SA	SO
09					1	2	3
10	4	5	6	7	8	9	10
11	11	12	13	14	15	16	17
12	18	19	20	21	22	23	24
13	25	26	27	28	29	30	31

April

KW	MO	DI	MI	DO	FR	SA	SO
14	1	2	3	4	5	6	7
15	8	9	10	11	12	13	14
16	15	16	17	18	19	20	21
17	22	23	24	25	26	27	28
18	29	30					

Mai

KW	MO	DI	MI	DO	FR	SA	SO
18			1	2	3	4	5
19	6	7	8	9	10	11	12
20	13	14	15	16	17	18	19
21	20	21	22	23	24	25	26
22	27	28	29	30	31		

Juni

KW	MO	DI	MI	DO	FR	SA	SO
22						1	2
23	3	4	5	6	7	8	9
24	10	11	12	13	14	15	16
25	17	18	19	20	21	22	23
26	24	25	26	27	28	29	30

Juli

KW	MO	DI	MI	DO	FR	SA	SO
27	1	2	3	4	5	6	7
28	8	9	10	11	12	13	14
29	15	16	17	18	19	20	21
30	22	23	24	25	26	27	28
31	29	30	31				

August

KW	MO	DI	MI	DO	FR	SA	SO
31				1	2	3	4
32	5	6	7	8	9	10	11
33	12	13	14	15	16	17	18
34	19	20	21	22	23	24	25
35	26	27	28	29	30	31	

September

KW	MO	DI	MI	DO	FR	SA	SO
35							1
36	2	3	4	5	6	7	8
37	9	10	11	12	13	14	15
38	16	17	18	19	20	21	22
39	23	24	25	26	27	28	29
40	30						

Oktober

KW	MO	DI	MI	DO	FR	SA	SO
40		1	2	3	4	5	6
41	7	8	9	10	11	12	13
42	14	15	16	17	18	19	20
43	21	22	23	24	25	26	27
44	28	29	30	31			

November

KW	MO	DI	MI	DO	FR	SA	SO
44					1	2	3
45	4	5	6	7	8	9	10
46	11	12	13	14	15	16	17
47	18	19	20	21	22	23	24
48	25	26	27	28	29	30	

Dezember

KW	MO	DI	MI	DO	FR	SA	SO
48							1
49	2	3	4	5	6	7	8
50	9	10	11	12	13	14	15
51	16	17	18	19	20	21	22
52	23	24	25	26	27	28	29
1	30	31					

01. 01. Neujahr • 06.01. Heilige Drei Könige (in Baden-Würtemberg, Bayern, Sachsen-Anhalt) • 29.03. Karfreitag • 01.04. Ostermontag • 01.05. Tag der Arbeit • 09.05. Christi Himmelfahrt 20.05. Pfingstmontag • 30.05. Fronleichnam (in Baden-Württemberg, Bayern, Hessen, Nordrhein-Westfalen, Rheinland-Pfalz, Saarland) • 15.08. Mariä Himmelfahrt (in Bayern, Saarland) 03.10. Tag der Deutschen Einheit • 31.10. Reformationstag (in Mecklenburg-Vorpommern, Brandenburg, Sachsen-Anhalt, Sachsen, Thüringen) • 01.11. Allerheiligen (in Bayern, Baden-Württemberg, Rheinland-Pfalz, Nordrhein-Westfalen, Saarland) • 20.11. Buß- und Bettag (in Sachsen) • 25.12. 1.Weihnachtstag • 26.12. 2.Weihnachtstag

Sachverhalt zur 26. bis 28. Aufgabe

Sachverhalt

Sie bearbeiten die Entgeltabrechnung von Frau Ahner.

Quittung

	€ in Ziffern	Cent
Nettowert		
.........% USt		
Summe	600,	00

Euro in Worten: Sechshundert — Cent wie oben

von: BüKo GmbH

für: Lohnvorschuss

richtig erhalten zu haben, bescheinigt hiermit dankend

Ort: Bayreuth, Datum: 04.04.20...

Buchungsvermerke

Stempel - Unterschrift des Empfängers: Gertraud Ahner

Aufgabe 26
B

Frau Ahner, eine Mitarbeiterin im Lager, erhielt laut der abgebildeten Quittung einen Lohnvorschuss in Höhe von 600,00 EUR. Wie müssen Sie buchen?

Tragen Sie die zutreffenden Kontennummern in die Kästchen ein.

Soll		Haben	
☐☐☐☐	☐☐☐☐	☐☐☐☐	☐☐☐☐

Sachverhalt

Für Frau Ahner liegen Ihnen folgende Angaben vor:

Stundenlohn:	*17,00 EUR*
normale Stunden:	*152*
Überstunden:	*6*
Überstundenzuschlag:	*25 %*

Aufgabe 27
B

Wie hoch ist der an Frau Ahner auszuzahlende Restlohn, wenn die gesamten Abzüge (Steuern, Sozialversicherung) 1.179,10 EUR betragen und der Lohnvorschuss in Höhe von 600,00 EUR verrechnet werden soll? ☐

Aufgabe 28
B

Frau Ahner ist nicht verheiratet und hat ein minderjähriges Kind, das bei ihr im Haushalt lebt. Welche Steuerklasse müssen Sie bei der Berechnung der Lohnsteuer zugrunde legen? ☐

(1) Steuerklasse I
(2) Steuerklasse II
(3) Steuerklasse III
(4) Steuerklasse IV
(5) Steuerklasse V
(6) Steuerklasse VI

Aufgabe 29
B

In der Abteilung „Gehaltsabrechnung" der BüKo GmbH hören Sie von einem Kollegen folgende Aussage: „Unser Arbeitgeberanteil zu den vermögenswirksamen Leistungen in Höhe von 13,00 EUR erhöht für unsere Mitarbeiter auch das steuerpflichtige und das sozialversicherungspflichtige Einkommen!" ☐

Welche der folgenden Bewertungen trifft auf diese Aussage zu?

(1) Diese Aussage trifft ohne Einschränkung zu.
(2) Diese Aussage trifft nicht zu, weil der Arbeitgeberanteil zu den vermögenswirksamen Leistungen weder das sozialversicherungspflichtige noch das zu versteuernde Einkommen erhöht.
(3) Diese Aussage trifft nicht zu, weil das sozialversicherungspflichtige und das zu versteuernde Einkommen um insgesamt 26,00 EUR erhöht werden.
(4) Diese Aussage trifft nicht zu, weil der Arbeitgeberanteil zu den vermögenswirksamen Leistungen nur das zu versteuernde Einkommen erhöht.
(5) Diese Aussage trifft nicht zu, weil der Arbeitgeberanteil zu den vermögenswirksamen Leistungen nur das sozialversicherungspflichtige Einkommen erhöht.

Aufgabe 30
B

In welchem Fall verstößt die BüKo GmbH gegen die Vorschriften des Mutterschutzgesetzes? ☐

(1) Die BüKo GmbH verlangt ein ärztliches Zeugnis von der werdenden Mutter.
(2) Eine Mutter nimmt acht Wochen nach der normal verlaufenden Geburt ihres Kindes die Arbeit in der BüKo GmbH wieder auf.
(3) Die Mutter kündigt der BüKo GmbH nach ihrer Niederkunft zum Ende ihrer Schutzfrist.
(4) Die BüKo GmbH kündigt der Mutter zum Ende der Mutterschutzfrist.
(5) Eine werdende Mutter erklärt sich freiwillig bereit, sechs Wochen vor ihrer Niederkunft eine erkrankte Kollegin zu vertreten.

Aufgabe 31
B

Sie prüfen eine interne Mitteilung, die an alle Beschäftigten des Betriebes verteilt werden soll. Welche darin beschriebene Aufgabe des Betriebsrates müssen Sie korrigieren? ☐

(1) *Der Betriebsrat hat beim Arbeitgeber Maßnahmen zu beantragen, die dem Betrieb und der Belegschaft dienen.*
(2) *Der Betriebsrat hat darüber zu wachen, dass die zugunsten der Arbeitnehmer geltenden Gesetze, Verordnungen usw. eingehalten werden.*
(3) *Der Betriebsrat hat laut Gesetz das Recht auf Einsicht in alle Personalakten.*
(4) *Der Betriebsrat hat die Wahl einer Art Jugend- und Auszubildendenvertretung vorzubereiten und durchzuführen.*
(5) *Der Betriebsrat hat die Eingliederung ausländischer Arbeitnehmer im Betrieb zu fördern.*

Aufgabe 32
B

Zu Erhöhung der Kundenfreundlichkeit will die BüKo GmbH die Verteilung der Arbeitszeit auf die Wochentage neu regeln. Welche Möglichkeit hat der Betriebsrat, hierauf Einfluss zu nehmen? ☐

(1) *Dies ist nur auf Vorschlag eines Betriebsrates möglich.*
(2) *Der Betriebsrat hat vor dieser Maßnahme lediglich ein Beratungsrecht.*
(3) *Vor dieser Maßnahme ist der Betriebsrat lediglich anzuhören.*
(4) *Vor dieser Maßnahme ist der Betriebsrat nur darüber zu informieren.*
(5) *Dies ist grundsätzlich nur mit Zustimmung des Betriebsrates möglich.*

5. Klausur

Sachverhalt

Sie sind Mitarbeiter/Mitarbeiterin in der BüKo GmbH (siehe nachfolgende Unternehmensbeschreibung).

Beschreibung des Unternehmens

Firma Geschäftszweck Geschäftssitz Registergericht	BüKo GmbH, Büroeinrichtungs- und Kommunikationssysteme Herstellung und Vertrieb von Büroeinrichtungs- und Kommunikationssystemen Ludwig-Thoma-Str. 47, 95447 Bayreuth Amtsgericht Bayreuth HR B 345-0815 USt-Id.-Nummer: DE 999666333123 Die BüKo GmbH ist Mitglied des Arbeitgeberverbandes. Der Tarifvertrag findet Anwendung.
Geschäftsjahr	1. Januar bis 31. Dezember
Bankverbindung Postbankverbindung	Sparkasse Bayreuth Konto-Nr. 123456789 BLZ 773 501 10 Postbank Nürnberg Konto-Nr. 987654321 BLZ 760 100 85
Produktprogramm (Eigene Erzeugnisse)	– Konferenztische – Konferenzstühle – Besucherstühle – Bürostühle – Regalsysteme
Dienstleistungen	– Lieferung und Montage der gelieferten Büromöbel – Entsorgung von Altmöbeln
Handelswaren	Warengruppe 1: Bürotechnik Warengruppe 2: Büroeinrichtung Warengruppe 3: Verbrauch Warengruppe 4: Organisation
Fertigungsverfahren	Einzel- und Serienfertigung
Stoffe/Vorprodukte	Rohstoffe: Holz, Furniere, Möbelbezugsstoffe, Scharniere Hilfsstoffe: Lacke, Klebstoffe, Schrauben, Nägel Betriebsstoffe: Strom, Gas, Wasser, Heizöl, Schmierstoffe Vorprodukte: Türschlösser, Türknöpfe Energie: Strom, Gas
Mitarbeiter	Angestellte 42 Arbeiter 90 Auszubildende 14
Bilanzsumme	ca. 20 Mio. EUR
Umsatz	ca. 100 Mio. EUR

Bearbeitungshinweise

Bitte beachten Sie folgende Hinweise:

- In den Kontierungsaufgaben sind ausschließlich die vierstelligen Kontennummern aus dem beigefügten Auszug des Kontenplans der BüKo GmbH zu verwenden.
- Werden Unterkonten im Kontenplan genannt, so ist auf diese Unterkonten zu buchen.
- Wenn nichts anderes vorgegeben ist, ist grundsätzlich aufwandsrechnerisch und netto zu buchen.

Aufgabe 1
A

Sie müssen bei der Buchführung gesetzliche Vorschriften beachten. In welchem Fall werden die gesetzlichen Vorschriften korrekt beschrieben? ☐

(1) *Sämtliche Buchführungsunterlagen außer der Bilanz dürfen auf einem Bildträger (Mikrofilm) oder anderen Datenträgern aufbewahrt werden.*
(2) *Alle Geschäftsbelege müssen fünf Jahre aufbewahrt werden. Danach können Sie vernichtet werden.*
(3) *Zum Geschäftsjahresende ist eine Bilanz zu erstellen. Inventur und Inventar sind nicht mehr erforderlich.*
(4) *Bei Einsatz der EDV im Rechnungswesen müssen alle wichtigen Belege noch zehn Jahre lang aufbewahrt werden.*
(5) *Bei Übernahme der Buchführungsunterlagen auf Mikrofilm müssen die Buchungsbelege noch sechs Jahre lang aufbewahrt werden.*

Aufgabe 2
A

Die Bürotechnik GmbH sendet der BüKo GmbH zum Ausgleich einer Rechnung einen Verrechnungsscheck zu. Bringen Sie die folgenden Punkte bei der Zahlung der Rechnung in die richtige Reihenfolge, indem Sie die Kennziffern 1 bis 5 in die Kästchen eintragen.

(1) *Die Bank schreibt den Scheckbetrag dem Konto der BüKo GmbH gut und belastet das Konto der Bürotechnik GmbH mit dem Scheckbetrag.* ☐

(2) *Die BüKo GmbH reicht den Scheck bei ihrer Bank ein.* ☐

(3) *Die Bürotechnik GmbH stellt den Scheck in Höhe des zu zahlenden Rechnungsbetrages aus.* ☐

(4) *Die Bürotechnik GmbH gibt den Scheck an die BüKo GmbH.* ☐

(5) *Die Bürotechnik GmbH wird durch Kontoauszug über die Abbuchung des Scheckbetrags benachrichtigt.* ☐

Aufgabe 3
A

Wie müssen Sie die Eingangsrechnung Nr. 23-11 buchen?

Tragen Sie die zutreffenden Kontennummern in die Kästchen ein.

Soll		**Haben**	
☐☐☐☐	☐☐☐☐	☐☐☐☐	☐☐☐☐

Sachverhalt

Beleg zur 3. bis 6. Aufgabe

Wiedemann e. K.
EDV - Beratung
Nürnberger Str. 16, 95448 Bayreuth

Wiedemann e. K. - Nürnberger Str. 16 - 95448 Bayreuth

BüKo GmbH
Ludwig-Thoma-Straße 47

95447 Bayreuth

Ihr Zeichen: wi
Ihre Nachricht vom: ..-04-26
Unser Zeichen: wie
Unsere Nachricht vom:
Name: Herr Wiedemann
Telefon: (0921) 41 71 18
Telefax: (0921) 41 71 18 9

Eingegangen am
8. Mai
BüKo GmbH

Rechnungs-Nr. 23-11	Kunden-Nr. 36-312	Rechnungsdatum 04-05-..
Ihre Auftrags-Nr. Zi. 67-00	Ihr Auftragsdatum 26-04-..	Unsere Lieferung vom 05-05-..

Wir lieferten Ihnen heute frei Haus:

Pos.	Menge	Artikelbezeichnung	Einzelpreis je Einheit in EUR	Gesamtpreis EUR
1	3	Server, ES 56-20	2.803,81	8.411,43
2	3	Anlieferung und Installation, Paketpreis	32,00	96,00
3	3	Verkabelung	13,30	39,90
			Summe	8.547,33
			19 % USt.	1.623,99
			Gesamt	10.171,32

Begleichen Sie bitte den Rechnungsbetrag innerhalb 14 Tagen nach Rechnungsdatum durch Zahlung auf unser Konto Nr. 223 456 678, BLZ 773 501 10, Sparkasse Bayreuth.

Ust.-IdNr.: DE 131 64 9752, Steuer-Nr.: 59/102 320 74

www.wiedemann.de

Aufgabe 4 A

Sie planen die weiteren Arbeiten, die im Rahmen des Rechnungswesens bis Jahresende bezüglich des Servers nötig sind. Bringen sie die folgenden Schritte in die richtige Reihenfolge, indem Sie die Ziffern 1 bis 6 in die Kästchen eintragen. (Beginnen Sie mit „Vergeben einer Inventarnummer".)

Buchen der jährlichen Abschreibung ☐

Berechnen der jährlichen Abschreibung ☐

Festlegen der Abschreibungsmethode ☐

Buchen des Anlagezugangs ☐

Vergeben einer Inventarnummer ☐

Übernahme des Restbuchwerts in die Schlussbilanz ☐

Wie hoch ist der Abschreibungsbetrag eines Servers für das zweite Nutzungsjahr wenn über drei Jahre linear abgeschrieben wird? *Aufgabe 5 A*

Wie müssen Sie die Abschreibung buchen? *Aufgabe 6 A*

Tragen Sie die zutreffenden Kontennummern in die Kästchen ein.

Soll		Haben	

Am 4. des Monats haben Sie bei der Karl Krux KG, Kulmbach, Heizöl bestellt. *Sachverhalt*

KARL KRUX KG
KULMBACH
Industriestraße 116, 95317 Kulmbach

Karl Krux KG - Industriestraße 116 - 95317 Kulmbach

BüKo GmbH
Ludwig-Thoma-Straße 47

95447 Bayreuth

Ihr Zeichen: me
Ihre Nachricht vom: ..-03-05
Unser Zeichen: sh
Unsere Nachricht vom:
Name: Frau Schneider
Telefon: (09221) 90 71 - 18
Telefax: (09221) 90 71 - 181

Eingegangen am
8. Mai
BüKo GmbH

Lieferschein/Rechnung

Rechnungs-Nummer 123.456	Kunden-Nummer 007.893	Rechnungsdatum 05.05..
Ihre Auftrags-Nummer Zi. 67-00	Ihr Auftragsdatum 3.5..	Unsere Lieferung vom 05.05..

Wir lieferten Ihnen heute frei Haus:

Pos.	Menge	Artikelbezeichnung	Einzelpreis je Einheit in EUR	Gesamtpreis EUR
1	5.400 Liter	Leichtes Heizöl RL	0,87	4.698,00
			Summe	4.698,00
			19 % USt.	892,62
			Gesamt	5.590,62

Beachten Sie unsere Sommerrabatte der Monate Juni und Juli!
Sie sparen 20 %!

Begleichen Sie bitte den Rechnungsbetrag innerhalb 14 Tagen nach Rechnungsdatum durch Zahlung auf unser Konto Nr. 345 789, BLZ 760 700 24, Deutsche Bank Kulmbach.

Ust.-IdNr.: DE 719 32 9015, Steuer-Nr.: 31/297 863 01

www.kruxo.de

Aufgabe 7
A

Sie sollen die Rechnung Nr. 123.456 prüfen. Welche weiteren Unterlagen müssen Sie sich zurechtlegen? ☐

(1) Lieferschein, Anfrage, Angebot
(2) Lieferschein, Auftragsbestätigung, Angebot
(3) Wareneingangsmeldung, Anfrage, Angebot
(4) Angebot, Wareneingangsmeldung, Anfrage
(5) Anfrage, Angebot, Bestellung

Aufgabe 8
A

Sie haben die sachliche und rechnerische Richtigkeit der Rechnung Nr. 123.456 festgestellt. Wie müssen Sie nun die Eingangsrechnung buchen?

Soll	**Haben**
☐☐☐☐ ☐☐☐☐	☐☐☐☐ ☐☐☐☐

Aufgabe 9
A

Sie sollen noch am 15. Mai die Rechnung Nr. 123.456 begleichen und prüfen, ob Sie den Rechnungsbetrag kürzen dürfen. Wie müssen Sie entscheiden? ☐

(1) Der gesamte Rechnungsbetrag ist ohne Abzüge fällig, da die gesetzliche Skontofrist bereits abgelaufen ist.
(2) Skonto kann grundsätzlich nur vom Nettobetrag abgezogen werden.
(3) Der Rechnungsbetrag ist um die angekündigten Sommerrabatte zu kürzen und im kommenden Monat zu begleichen.
(4) Der Rechnungsbetrag ist ungekürzt zu begleichen, falls keine Beanstandung der Lieferung erfolgte.
(5) Der Rechnungsbetrag wird innerhalb von 14 Tagen beglichen, daher wird unter Abzug von 2 % Skonto bezahlt.

Sachverhalt

Sachverhalt zur 10. bis 14. Aufgabe

Bei der „Fränkischen Holzhandelsgesellschaft mbH“ haben Sie Tischplatten aus Buche bestellt, die per Speditionsfracht angeliefert wurden. Es liegen die Belege mit den internen Nummern ER 105134, ER 105167 und der Kontoauszug 57 vor.

Fränkische Holzhandelsgesellschaft mbH
Hornstraße 36, 90402 Nürnberg

Fränkische Holzhandelsgesellsch. mbH - Hornstraße 36 - 90402 Nürnberg

BüKo GmbH
Ludwig-Thoma-Straße 47

95447 Bayreuth

Eingegangen am
4. Mai 20..
BüKo GmbH

Ihr Zeichen: me
Ihre Nachricht vom: ..-04-15
Unser Zeichen: fle
Unsere Nachricht vom:
Name: Herr Fleischmann
Telefon: (0911) 23 55 6 -0
Telefax: (0911) 23 55 6 -11

Lieferschein/Rechnung

Lieferschein-Nr. 105134

Bestelldatum: ..-04-15

Rechnungs-Nummer	Kunden-Nummer	Rechnungsdatum	Bestell-Nummer
105134	3024371	..-05-02	33571

Pos.	Artikelnummer	Artikelbezeichnung	Menge	Einzelpreis EUR	Gesamtpreis EUR
1	B 573802	Tischplatten Buche 120 x 120 abzgl. 10 % Rabatt	60	69,95	4.197,00 419,70
				Summe	3.777,30
				19 % USt.	717,69
				Gesamt	4.494,99

Zahlung: Innerhalb 10 Tagen ab Rechnungsdatum mit 2 % Skonto, innerhalb 30 Tagen netto

Zahlung auf unser Konto Nr. 124 253 139, BLZ 760 800 40, Commerzbank Nürnberg.

Ust.-IdNr.: DE 130 62 9812, Steuer-Nr.: 20/215 607

Aufgabe 10
A

Wie müssen Sie die abgebildete Eingangsrechnung Nr. 105134 buchen?

Tragen Sie die zutreffenden Kontennummern in die Kästchen ein.

Soll		Haben	
☐☐☐☐	☐☐☐☐	☐☐☐☐	☐☐☐☐

Sachverhalt

Spedition Stürmer Transporte
Vera Stürmer KG, Am Wallgraben 14, 63739 Aschaffenburg

Vera Stürmer KG - Am Wallgraben 14 - 63739 Aschaffenburg

BüKo GmbH
Ludwig-Thoma-Straße 47

95447 Bayreuth

Ihr Zeichen: mue
Ihre Nachricht vom: 15.04.20..
Unser Zeichen: hei
Unsere Nachricht vom:
Name: Herr Heider
Telefon: (06021) 28 22 7 -0
Telefax: (06021) 28 22 7 -19

Eingegangen am
10. Mai 20..
BüKo GmbH

Rechnung

Rechnungs-Nr.	Kunden-Nr.	Rechnungsdatum
105167	4839	07.05.20..

Konzess.	Tour/Tag	Text	Inland	Ausland
5674	28.04.20..	Frachtbrief 687/564/2 Sammelladung Nürnberg - Bayreuth	238,30	

Inland EUR	Ust EUR	Zwischensumme EUR	Ausland EUR	Zu zahlender Betrag EUR
238,30	45,28	283,58		283,58

Zahlbar ab sofort netto Kasse

Ust.-IdNr.: DE72012 6981, Steuer-Nr.: 10/197 865 71

Erfüllungsort und Gerichtsstand Aschaffenburg
Bankverbindung: Sparkasse Aschaffenburg, BLZ 795 500 00, Kto-Nr. 1432875

Aufgabe 11
A

Wie müssen Sie die abgebildete Eingangsrechnung ER 105167 buchen?

Tragen Sie die zutreffenden Kontennummern in die Kästchen ein.

Soll		Haben	

Aufgabe 12
A

Wie müssen Sie den nachstehend abgebildeten Kontoauszug 57 buchen?

Tragen Sie die zutreffenden Kontennummern in die Kästchen ein.

Soll			Haben		

Sachverhalt

Kontoauszug vom 09.05.20..					**Sparkasse Bayreuth**	
Kto.Nr.	Auszug	Geschäftsstelle	Währung		Soll	Haben
123456789	57	Ludwig-Thoma-Straße	EURO			**19.975,00**
Buchungstag		Wir haben für Sie gebucht	Wert		Umsätze	
08	05	Fränkische Holzhandelsgesellschaft mbH, Re.-Nr. 105134 vom 02.05... Kd.-Nr. 3024371	08	05	4.405,09	
BüKo GmbH Ludwig-Thoma-Straße 47 95447 Bayreuth			Neuer Kontostand			**15.569,91**

Aufgabe 13
A

Berechnen Sie anhand der vorliegenden drei Belege (siehe Sachverhalt) den Einstandspreis/Bezugspreis (netto) in Euro für die 60 Holzplatten Buche.

Aufgabe 14
A

Wie müssen Sie den nachstehend abgebildeten Kontoauszug 58 buchen?

Tragen Sie die zutreffenden Kontennummern in die Kästchen ein.

Soll **Haben**

Sachverhalt

Kontoauszug vom 09.05.20..					**Sparkasse Bayreuth**	
Kto.Nr.	Auszug	Geschäftsstelle	Währung		Soll	Haben
123456789	58	Ludwig-Thoma-Straße	EURO			**15.569,91**
Buchungstag		Wir haben für Sie gebucht	Wert		Umsätze	
09	05	Barmer Ersatzkasse Sozialversicherungsbeiträge April 20...	09	05	14.328,54	
BüKo GmbH Ludwig-Thoma-Straße 47 95447 Bayreuth			Neuer Kontostand			**1.241,37**

Aufgabe 15 A

Ordnen Sie zu, indem Sie die Kennziffern von drei der insgesamt sieben Gruppen von Konten in die Kästchen bei den Arten von Konten eintragen.

(1) Guthaben bei Kreditinstituten, Forderungen aus Lieferungen und Leistungen, Fuhrpark, Rohstoffe
(2) Guthaben bei Kreditinstituten, Schuldwechsel, Fuhrpark, Rohstoffe
(3) Umsatzsteuer, Schuldwechsel, Verbindlichkeiten aus Lieferungen und Leistungen, Eigenkapital
(4) Umsatzerlöse für eigene Erzeugnisse, Gehälter, Zinsaufwendungen
(5) Umsatzerlöse für Handelswaren, Rohstoffe, Zinserträge, Gehälter
(6) Umsatzsteuer, Umsatzerlöse für eigene Erzeugnisse, Forderungen gegenüber Mitarbeitern, Rohstoffe
(7) Besitzwechsel, Eigenkapital, Privat, Vorsteuer

Aktive Bestandskonten ☐
Passive Bestandskonten ☐
Erfolgskonten ☐

Aufgabe 16 A

Welchem Geschäftsfall liegt der Buchungssatz „Guthaben bei Kreditinstituten an Vorsteuer" zugrunde? ☐

(1) Das Vorsteuerkonto wird abgeschlossen.
(2) Die Zahllast wird passiviert.
(3) Der Vorsteuerüberhang wird aktiviert.
(4) Der Vorsteuerüberhang wird vom Finanzamt erstattet.
(5) Die Zahllast wird an das Finanzamt überwiesen.

Aufgabe 17 A

Aufgrund einer berechtigten Reklamation gewährt die BüKo GmbH einem Kunden einen Nachlass von 52,50 EUR. Der Kunde zahlte dann für die Ware 262,50 EUR.

Wie viel Prozent betrug der Nachlass? ☐

Aufgabe 18 A

Der Nettoumsatz für Schreibtische hat sich gegenüber dem Vorjahr um 17 % auf 875.160,00 EUR erhöht.

Wie hoch war der Nettoumsatz im Vorjahr in Euro? ☐

Sachverhalt

Sachverhalt zur 19. bis 23. Aufgabe

Sie bearbeiten die Entgeltabrechnung von Herrn Stefan Meier.
Aus der Lohnsteuerkarte liegen folgende Informationen vor:

Steuerklasse:	III
Kinderfreibeträge:	1,0
Konfession:	RK
monatlicher Freibetrag:	217,00 EUR

Herr Meier erhält 15,80 EUR je Stunde in Lohngruppe 7. Im letzten Monat hat er 168 Stunden regulär gearbeitet. Er hat einen Bausparvertrag abgeschlossen, auf den monatlich 40,00 EUR vermögenswirksam einzuzahlen sind. Dazu erhält er einen Arbeitgeberzuschuss von 13,50 EUR.

Aufgabe 19
B

Herr Meier möchte eine steuerpflichtige Nebentätigkeit bei einem anderen Arbeitgeber aufnehmen und bittet Sie daher um eine Lohnsteuerkarte. Wie entscheiden Sie richtig? ☐

(1) Sie fertigen eine Kopie der Steuerkarte an und händigen ihm das Original für den neuen Arbeitgeber aus.
(2) Sie informieren ihn, dass er beim Finanzamt eine neue Steuerkarte beantragen muss.
(3) Sie schicken ihn zu einer Gemeindebehörde, damit er dort eine zweite Lohnsteuerkarte beantragen kann.
(4) Sie fertigen eine Kopie der Steuerkarte an und geben Sie Herrn Meier für den anderen Arbeitgeber mit.
(5) Sie geben ihm die Steuerkarte und bitten ihn um Rückgabe der Karte bis zum 31. Dezember d. J.

Aufgabe 20
B

Welche Entgeltform erhält Herr Meier? ☐

(1) Reallohn
(2) Zeitakkordlohn
(3) Zeitlohn
(4) Investivlohn
(5) Prämienlohn

Aufgabe 21
B

Wie hoch ist der zu versteuernde Monatslohn des Herrn Meier? ☐

Aufgabe 22
B

Welche Bedeutung haben die Angaben aus der Steuerkarte für Sie bei der Ermittlung der Kirchensteuer des Herrn Meier? ☐

(1) Sie müssen die auf der Lohnsteuerkarte eingetragenen Freibeträge und die Kinderfreibeträge bei der Ermittlung der Kirchensteuer berücksichtigen.
(2) Sie müssen den konfessionsgebundenen Steuersatz von 8 % anwenden.
(3) Sie müssen die einbehaltene Kirchensteuer an die katholische Kirche abführen.
(4) Sie müssen den bundeseinheitlichen Steuersatz von 9 % anwenden.
(5) Für die Ermittlung der Kirchensteuer brauchen Sie den monatlichen Steuerfreibetrag nicht berücksichtigen.

Aufgabe 23
B

Sie ermitteln die Sozialversicherungsabzüge des Herrn Meier anhand einer Tabelle. Darin fehlen die Beiträge zur gesetzlichen Unfallversicherung. Welche Bedeutung hat dies? ☐

(1) Die Beiträge für Herrn Meier sind im Betrag zu dessen Krankenversicherung enthalten.
(2) Herr Meier ist für die Entrichtung der Beiträge selbst verantwortlich.
(3) Die Beiträge werden nur einmal am Jahresende ermittelt und einbehalten.
(4) Die Beiträge für Herrn Meier werden allein von der BüKo GmbH als Personalnebenkosten getragen.
(5) Herr Meier ist privat versichert. Deshalb behalten Sie keine Beiträge ein.

Aufgabe 24
B

Auf der Lohnsteuerkarte eines Angestellten, dessen monatliches Bruttoentgelt 1.900,00 EUR beträgt, ist ein Freibetrag von 150,00 EUR je Monat eingetragen. Welche Auswirkung hat dies für den Angestellten? ☐

(1) Zum Jahresende werden ohne Antrag 1.800,00 EUR vom Finanzamt erstattet.
(2) Das Bruttogehalt erhöht sich um 150,00 EUR je Monat.
(3) Die steuerpflichtigen Einkünfte vermindern sich um 150,00 EUR monatlich.
(4) Die Lohnsteuer ermäßigt sich um 150,00 EUR je Monat.
(5) Dieser Betrag fällt nicht unter das sozialversicherungspflichtige Einkommen.

Aufgabe 25
B

Wo werden die Aufgaben und Zuständigkeiten einer Sachbearbeiterin schriftlich festgehalten? ☐

(1) In der Stellenbeschreibung
(2) Im Arbeitsablaufplan
(3) Im Stellenbesetzungsplan
(4) In der Arbeitsordnung
(5) Im Betriebsgliederungsplan

Aufgabe 26
B

Welcher Betrag ist die Basis zur Ermittlung der Kirchensteuer? ☐

(1) Das Tarifgehalt
(2) Der zu zahlende Lohnsteuerbetrag
(3) Das sozialversicherungspflichtige Entgelt
(4) Die Beitragsbemessungsgrenze
(5) Das steuerpflichtige Entgelt

Aufgabe 27
B

Wer hat die Beiträge zur gesetzlichen Unfallversicherung zu zahlen? ☐

(1) Die Pflegekasse
(2) Der Arbeitnehmer
(3) Je zur Hälfte Arbeitgeber und Arbeitnehmer
(4) Der Arbeitgeber
(5) Die Berufsgenossenschaft

Aufgabe 28
B

Bringen Sie die folgenden Vorgänge bei der Einstellung eines neuen Sachbearbeiters in der Abteilung Einkauf in die richtige Reihenfolge, indem Sie die Ziffern 1 bis 6 in die Kästchen eintragen.

(1) Eingegangene Bewerbungen durch die Personalabteilung sichten ☐

(2) Ausgewählte Bewerber zur persönlichen Vorstellung einladen, ungeeigneten Bewerbern schriftlich absagen ☐

(3) Stellenanzeige entwerfen und in geeigneten Medien veröffentlichen ☐

(4) Die Abteilung Einkauf meldet, dass ein Sachbearbeiter für eine neue Warengruppe eingestellt werden soll. ☐

(5) Vorausgewählte Bewerbungen mit der Abteilung Einkauf besprechen ☐

(6) Geeigneten Bewerber aufgrund der persönlichen Vorstellung auswählen und arbeitsvertragliche Einzelheiten klären ☐

Aufgabe 29
B

Die Entlohnung der Arbeit in der Fertigung soll so geregelt werden, dass die Qualität der Leistung belohnt wird. Welche Lohnform wählen Sie? ☐

(1) Indexlohn
(2) Prämienlohn
(3) Zeitlohn
(4) Akkordlohn
(5) Stücklohn

Aufgabe 30
B

Sie prüfen die Lohnsteuerkarte, die Ihnen zwei Mitarbeiter mit den unten genannten Voraussetzungen vorgelegt haben. Stellen Sie die Richtigkeit der eingetragenen Steuerklassen fest, indem Sie die Kennziffern von zwei der insgesamt sechs Steuerklassen bei den Zuordnungsmerkmalen eintragen.

1. Steuerklasse I
2. Steuerklasse II
3. Steuerklasse III
4. Steuerklasse IV
5. Steuerklasse V
6. Steuerklasse VI

(1) Nur in Teilzeit beschäftigter Arbeiter, der in Ihrer Firma sein zweites Beschäftigungsverhältnis hat. ☐

(2) Ledige Arbeiterinnen ohne Kinder ☐

Aufgabe 31
B

Der tarifliche Mindestlohn im Produktionsbereich der BüKo GmbH beträgt 9,50 EUR. Der Akkordrichtsatz liegt bei 12,00 EUR?

Welche der folgenden Aussagen ist zutreffend?

(1) Der Akkordzuschlag beträgt 20,8 % (gerundet).
(2) Der Akkordzuschlag beträgt 26,3 % (gerundet).
(3) Der Akkordzuschlag beträgt 79,2 % (gerundet).
(4) Der Akkordzuschlag ist abhängig von der erbrachten Leistung des Mitarbeiters.
(5) Der Akkordzuschlag kann hier aufgrund von fehlenden Angaben nicht ermittelt werden.

Aufgabe 32
B

Ermitteln Sie anhand der folgenden Angaben den Bruttolohn eines Arbeitnehmers.

Stückzahl:	*360*
Vorgabezeit:	*36 Minuten*
Akkordrichtsatz:	*12,00 EUR*

Bürowirtschaft

Grundlegendes zum Prüfungsfach

Im Prüfungsfach Bürowirtschaft soll der Prüfling in einer 60-minütigen schriftlichen Prüfung praxisbezogene Aufgaben oder Fälle aus verschiedenen Gebieten der Bürowirtschaft bearbeiten und dabei zeigen, dass er grundlegende Fertigkeiten und Kenntnisse erworben hat.

Die Prüfung setzt sich aus vier Themenfeldern zusammen, die in unterschiedlichem Umfang abgeprüft werden.

Inhalte/Themengebiete	Anteil in %
A. Organisation und Leistungen	ca. 25
B. Bürowirtschaft und Statistik	ca. 25
C. Bürokommunikationstechniken	ca. 10
D. Assistenz- und Sekretariatsaufgaben	ca. 40

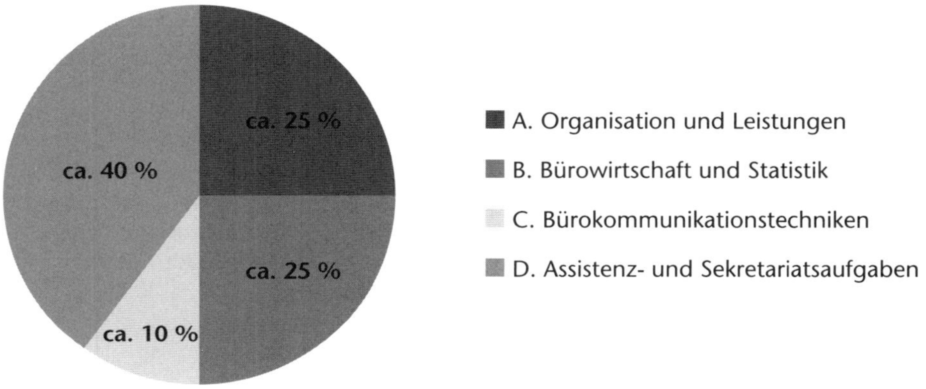

A. Organisation und Leistungen

- Leistungserstellung und -verwertung (Beschaffung, Produktion, Absatz)
- betriebliche Organisation

B. Bürowirtschaft und Statistik

- Organisation des Arbeitsplatzes
- bürowirtschaftliche Abläufe (z. B. Postbearbeitung, Terminplanung und -überwachung)

C. Bürokommunikationstechniken

- Arbeitsmittel und Kommunikationswege
- Datenschutz und Datensicherung

D. Assistenz- und Sekretariatsaufgaben

- Kommunikation und Kooperation im Büro
- Organisationsaufgaben (z. B. Organisation von Veranstaltungen)
- Personalverwaltung als Assistenzaufgabe

Die einzelnen Aufgaben wurden in den Probeklausuren so gekennzeichnet, dass sie einem Themenbereich zugeordnet werden können (Großbuchstaben unter den Aufgabennummern).

8 ungebundene Aufgaben, 60 Minuten Prüfungszeit, 100 Punkte

Bearbeitungshinweise :

1. Bevor Sie mit der Bearbeitung der Aufgaben beginnen, überprüfen Sie bitte die **Vollständigkeit** dieses Aufgabensatzes. Die Anzahl der zu bearbeitenden Aufgaben ist auf dem Deckblatt links angegeben. Wenden Sie sich bei Unstimmigkeiten sofort an die Aufsicht, weil Reklamationen am Ende der Prüfung nicht anerkannt werden können.
2. Füllen Sie in der Kammerprüfung zuerst die **Kopfzeile** aus. Tragen Sie Ihren Familiennamen, Ihren Vornamen und ihre Prüflingsnummer in die oben auf dem Prüfungssatz stehenden Felder ein.
3. Lesen Sie bitte den **Text** der Aufgaben ganz durch, bevor Sie mit der Bearbeitung beginnen.
4. Halten Sie sich bei der Bearbeitung der Aufgaben genau an die **Vorgaben der Aufgabenstellung** zum Umfang der Lösung. Wenn z. B. vier Angaben gefordert werden und Sie sechs Angaben anführen, werden nur die ersten vier Angaben bewertet.
5. Tragen Sie die frei zu formulierenden **Antworten dieser offenen Aufgabenstellungen** in die dafür in der Aufgabenstellung vorgesehenen Bereiche (Lösungszeilen, Formulare, Tabellen u. a.) des Arbeitsbogens ein.
6. Sofern nicht ausdrücklich ein Brief oder eine Formulierung in ganzen Sätzen gefordert werden, ist eine **stichwortartige Beantwortung** zulässig.
7. Schreiben Sie deutlich und gut lesbar. Ein nicht eindeutig zuzuordnendes oder **unleserliches** Ergebnis wird als **falsch** gewertet.
8. Zur Bearbeitung ist ein netzunabhängiger, geräuscharmer und nicht programmierbarer **Taschenrechner** ohne Kommunikationsmöglichkeit mit Dritten zugelassen.
9. Wenn Sie ein **gerundetes Ergebnis** eintragen und damit weiterrechnen müssen, rechnen Sie (auch im Taschenrechner) nur mit diesem gerundeten Ergebnis weiter.
10. Für **Nebenrechnungen/Hilfsaufzeichnungen** können Sie die im Aufgabensatz ggf. enthaltenen Konzeptflächen verwenden. Bewertet werden jedoch nur Ihre Eintragungen im Lösungsbogen.

Sachverhalt

Sie sind Mitarbeiter/Mitarbeiterin in der BüKo GmbH (siehe nachfolgende Unternehmensbeschreibung).

Beschreibung des Unternehmens

Firma Geschäftszweck Geschäftssitz Registergericht	BüKo GmbH, Büroeinrichtungs- und Kommunikationssysteme Herstellung und Vertrieb von Büroeinrichtungs- und Kommunikationssystemen Ludwig-Thoma-Str. 47, 95447 Bayreuth Amtsgericht Bayreuth HR B 345-0815 USt-Id.-Nummer: DE 999666333123 Die BüKo GmbH ist Mitglied des Arbeitgeberverbandes. Der Tarifvertrag findet Anwendung.		
Geschäftsjahr	1. Januar bis 31. Dezember		
Bankverbindung Postbankverbindung	Sparkasse Bayreuth Postbank Nürnberg	Konto-Nr. 123456789 Konto-Nr. 987654321	BLZ 773 501 10 BLZ 760 100 85
Produktprogramm (Eigene Erzeugnisse)	– Konferenztische – Konferenzstühle – Besucherstühle – Bürostühle – Regalsysteme		
Dienstleistungen	– Lieferung und Montage der gelieferten Büromöbel – Entsorgung von Altmöbeln		
Handelswaren	Warengruppe 1: Bürotechnik Warengruppe 2: Büroeinrichtung Warengruppe 3: Verbrauch Warengruppe 4: Organisation		
Fertigungsverfahren	Einzel- und Serienfertigung		
Stoffe/Vorprodukte	Rohstoffe: Hilfsstoffe: Betriebsstoffe: Vorprodukte: Energie:	Holz, Furniere, Möbelbezugsstoffe, Scharniere Lacke, Klebstoffe, Schrauben, Nägel Strom, Gas, Wasser, Heizöl, Schmierstoffe Türschlösser, Türknöpfe Strom, Gas	
Mitarbeiter	Angestellte Arbeiter Auszubildende	42 90 14	
Bilanzsumme	ca. 20 Mio. EUR		
Umsatz	ca. 100 Mio. EUR		

Aufgabe 1
A
13 Punkte

Als Mitarbeiter der Abteilung Einkauf der BüKo GmbH erhalten Sie heute vom Lager eine Bedarfsmeldung, nachdem für den Artikel 1483791 (Tischkopierer, durchschnittlicher Tagesbedarf 2 Stück, Beschaffungszeit 5 Tage), der Meldebestand unterschritten wurde. Sie beschließen, zunächst den Beschaffungsmarkt zu sondieren, um ggf. einen neuen Lieferanten ausfindig zu machen.

(a) Nennen Sie in sachlogischer Reihenfolge vier wesentliche Arbeitsschritte im Beschaffungsprozess, die im Rahmen der Beschaffung der Tischkopierer erforderlich sind. [4]
(b) Unterscheiden Sie die Begriffe „Mindestbestand", „Meldebestand" und „Höchstbestand". [6]
(c) Nennen Sie die allgemeine Formel zur Berechnung des Meldebestands und berechnen Sie den Meldebestand für den Tischkopierer, wenn der Mindestbestand 1 beträgt. [3]

Aufgabe 2
A
13 Punkte

Die BüKo GmbH stellt u. a. das Regalsystem „Flexa" her. Aus der Verkaufsstatistik ist herauszulesen, dass die Absatzzahlen im letzten Halbjahr um ca. 30 % eingebrochen sind. Um die Situation zu verbessern, soll der Marketing-Mix überarbeitet und optimiert werden.

(a) *Welche vier Bereiche des Marketing-Mix lassen sich unterscheiden? [4]*
(b) *Ein Marketing-Manager der BüKo GmbH schlägt vor, durch eine verstärkte Preisdifferenzierung flexibler auf die Kunden einzugehen.*
Nennen Sie drei Möglichkeiten der Preisdifferenzierung und erläutern Sie deren Umsetzung jeweils am konkreten Beispiel des Regalsystems „Flexa". [6]
(c) *Für die Produktion des Regalsystems „Flexa" fallen monatlich Fixkosten in Höhe von 200.000 EUR an. Die variablen Kosten je Regalsystem betragen 135,60 EUR. Ab welcher jährlichen Absatzmenge würde die BüKo GmbH einen Gewinn erzielen, wenn der Absatzpreis 245,00 EUR netto beträgt? [3]*

Aufgabe 3
B
14 Punkte

Als Mitarbeiter der Poststelle sind Sie für die Bearbeitung der Eingangspost sowie die Abwicklung des Postausgangs der BüKo GmbH zuständig.

(a) *Beschreiben Sie fünf wichtige Arbeiten beim Posteingang sowie fünf Schritte beim Arbeitsablauf der Postausgangsbearbeitung. [10]*
(b) *In der BüKo GmbH werden Schriftstücke in der Regel gefalzt versandt. Erläutern Sie einen Vorteil dieser Vorgehensweise. [2]*
(c) *Weiterhin findet in der BüKo GmbH ein Freistempler Anwendung. Welchen zusätzlichen Vorteil, außer zu frankieren, bietet der Freistempler der BüKo GmbH? [2]*

Aufgabe 4
B
10 Punkte

Die BüKo GmbH plant, die Ablauforganisation des Unternehmens zu optimieren.

(a) *Beschreiben Sie kurz den Zielkonflikt, der auch als „Dilemma der Ablaufplanung" bezeichnet wird. [2]*
(b) *Um Abläufe optimal organisieren zu können, müssen sie zunächst erfasst werden. Nennen und erläutern Sie vier Methoden der Erfassung des Ist-Zustands. [8]*

Aufgabe 5
C
10 Punkte

Als Mitarbeiter in der EDV-Abteilung der BüKo GmbH sind Sie u. a. für die Datensicherung zuständig. Der neue Datenschutzbeauftragte der BüKo GmbH bittet Sie um ein Gespräch zur Klärung einiger wesentlicher Fragen des Datenschutzes.

(a) *Unterscheiden Sie die Begriffe Datenschutz und Datensicherung. [4]*
(b) *Nennen Sie sechs Datengruppen, die von der BüKo GmbH gespeichert werden und dem Datenschutz unterliegen. [6]*

Aufgabe 6
D
16 Punkte

Als Mitarbeiter/Mitarbeiterin im Bereich Personalwesen der BüKo GmbH gehört auch die Personalbeschaffung zu Ihren Aufgaben. Aktuell sind Sie wegen der überraschenden Kündigung des in der Einkaufsabteilung beschäftigten Sachbearbeiters Daniel Hennermann (siehe unten stehende Abbildung) damit beschäftigt, dessen Stelle zum 01.10. d. J. neu zu besetzen. Sie hatten zu diesem Zweck eine Anzeige im „Nordbayerischen Kurier" geschaltet. Von den daraufhin eingegangenen 29 Bewerbungen haben Sie 6 in die nähere Wahl genommen und wollen mit diesen Interessenten ein ganztägiges Assessment-Center durchführen.

Daniel Hennermann — Badstraße 32 — 95448 Bayreuth

BüKo GmbH
Ludwig-Thoma-Str. 47
95447 Bayreuth

Eingegangen am
16. März 20...
BüKo GmbH

Bayreuth, 15.03.20...

Kündigung

Sehr geehrte Damen und Herren,

hiermit kündige ich mein Arbeitsverhältnis zum nächstmöglichen Termin.

Mit freundlichen Grüßen

Daniel Hennermann

(a) *Herr Hennermann war zum Zeitpunkt seiner Kündigung 39 Jahre alt und seit 10 Jahren bei der BüKo GmbH beschäftigt. Für sein Ausscheiden ist die nachstehend abgedruckte gesetzliche Kündigungsregelung anzuwenden.*
Bestimmen Sie den letzten Tag des Arbeitsverhältnisses von Herrn Hennermann. [2]
Auszug aus dem BGB:
§ 622 Kündigungsfristen bei Arbeitsverhältnissen
(1) Das Arbeitsverhältnis eines Arbeiters oder eines Angestellten (Arbeitnehmers) kann mit einer Frist von vier Wochen zum Fünfzehnten oder zum Ende eines Kalendermonats gekündigt werden.
(2) Für eine Kündigung durch den Arbeitgeber beträgt die Kündigungsfrist, wenn das Arbeitsverhältnis in dem Betrieb oder Unternehmen
1. zwei Jahre bestanden hat, einen Monat zum Ende eines Kalendermonats,
2. fünf Jahre bestanden hat, zwei Monate zum Ende eines Kalendermonats,
3. acht Jahre bestanden hat, drei Monate zum Ende eines Kalendermonats,
4. zehn Jahre bestanden hat, vier Monate zum Ende eines Kalendermonats,
5. zwölf Jahre bestanden hat, fünf Monate zum Ende eines Kalendermonats,
6. 15 Jahre bestanden hat, sechs Monate zum Ende eines Kalendermonats,
7. 20 Jahre bestanden hat, sieben Monate zum Ende eines Kalendermonats.

(b) *Nach Abstimmung mit dem Betriebsrat kann die Stelle von Herrn Hennermann gleich extern ausgeschrieben werden.*
Erläutern Sie zwei Vorteile und zwei Nachteile einer externen Stellenbesetzung im Vergleich zur internen aus der Sicht der BüKo GmbH. [8]

(c) *Nach einer Vorauswahl aufgrund der schriftlichen Bewerbungsunterlagen soll als letztes Auswahlverfahren ein Assessment-Center eingesetzt werden.*
Erklären Sie dieses Verfahren und begründen Sie zwei für dieses Verfahren besonders geeignete stellenbezogene Übungen. [6]

Aufgabe 7
D
12 Punkte

Sie bekommen die Aufgabe übertragen, ein eintägiges, hausinternes Seminar der BüKo GmbH zum Thema „Die Zukunft der Bürokommunikation", für das mehrere externe Referenten engagiert werden sollen, vorzubereiten.

(a) Erstellen Sie eine Checkliste, in der Sie acht Arbeitsschritte auflisten, die Sie bei der Vorbereitung des Seminars keinesfalls übersehen dürfen. [8]
(b) Nennen Sie vier Vorteile der Arbeit mit Checklisten. [4]

Aufgabe 8
D
12 Punkte

Die Geschäftsleitung der BüKo GmbH plant, in nächster Zeit ein neues Beurteilungssystem einzuführen.

(a) In Zusammenarbeit mit dem Betriebsrat sollen die Beurteilungskriterien konkretisiert werden. Nennen Sie sechs mögliche Beurteilungskriterien. [6]
(b) Erläutern Sie drei Vorteile, die eine regelmäßige Beurteilung aus Sicht der BüKo GmbH haben kann. [6]

Sie sind Mitarbeiter/Mitarbeiterin in der BüKo GmbH (siehe nachfolgende Unternehmensbeschreibung).

Sachverhalt

Beschreibung des Unternehmens

Firma Geschäftszweck Geschäftssitz Registergericht	BüKo GmbH, Büroeinrichtungs- und Kommunikationssysteme Herstellung und Vertrieb von Büroeinrichtungs- und Kommunikationssystemen Ludwig-Thoma-Str. 47, 95447 Bayreuth Amtsgericht Bayreuth HR B 345-0815 USt-Id.-Nummer: DE 999666333123 Die BüKo GmbH ist Mitglied des Arbeitgeberverbandes. Der Tarifvertrag findet Anwendung.
Geschäftsjahr	1. Januar bis 31. Dezember
Bankverbindung Postbankverbindung	Sparkasse Bayreuth Konto-Nr. 123456789 BLZ 773 501 10 Postbank Nürnberg Konto-Nr. 987654321 BLZ 760 100 85
Produktprogramm (Eigene Erzeugnisse)	– Konferenztische – Konferenzstühle – Besucherstühle – Bürostühle – Regalsysteme
Dienstleistungen	– Lieferung und Montage der gelieferten Büromöbel – Entsorgung von Altmöbeln
Handelswaren	Warengruppe 1: Bürotechnik Warengruppe 2: Büroeinrichtung Warengruppe 3: Verbrauch Warengruppe 4: Organisation
Fertigungsverfahren	Einzel- und Serienfertigung
Stoffe/Vorprodukte	Rohstoffe: Holz, Furniere, Möbelbezugsstoffe, Scharniere Hilfsstoffe: Lacke, Klebstoffe, Schrauben, Nägel Betriebsstoffe: Strom, Gas, Wasser, Heizöl, Schmierstoffe Vorprodukte: Türschlösser, Türknöpfe Energie: Strom, Gas
Mitarbeiter	Angestellte 42 Arbeiter 90 Auszubildende 14
Bilanzsumme	ca. 20 Mio. EUR
Umsatz	ca. 100 Mio. EUR

Aufgabe 1
C, D
14 Punkte

Kurzfristig haben Sie erfahren, dass Sie nächste Woche Hanna Schwarz, die Sekretärin des Geschäftsführers, vertreten müssen. Frau Schwarz hat Sie schon vor einigen Tagen darauf vorbereitet, dass dieser Fall eintreten könnte. Deshalb hat sie Ihnen wichtige Hinweise sowohl für das Führen von Telefongesprächen und persönlichen Unterredungen als auch für das Entgegennehmen und Weiterleiten von Informationen sowie das Erteilen von Auskünften gegeben.

(a) *Rufen Sie sich die Hinweise von Frau Schwarz in Erinnerung und erstellen Sie eine Checkliste für die Durchführung wichtiger Telefonate, die mindestens sechs Punkte enthält. [6]*

(b) *Frau Schwarz erinnerte Sie daran, bei der mündlichen Kommunikation stets auf die vier Ebenen der Kommunikation zu achten.*
Erläutern Sie diese vier Ebenen der mündlichen Kommunikation an einem selbst gewählten Beispiel. [8]

Aufgabe 2
A
15 Punkte

Die Produktion und der Handel mit Büromöbeln, wie sie die BüKo GmbH betreibt, erfordert ein ständiges Präsentsein am Markt. Die BüKo GmbH verfolgt das Ziel, Marktentwicklungen frühzeitig zu erkennen, um absatzpolitisch rechtzeitig und wirkungsvoll darauf zu reagieren.

(a) *Beschreiben Sie den Einsatz der vier Instrumente Marktforschung, Marktanalyse, Marktbeobachtung und Markterkundung am konkreten Beispiel. [8]*
(b) *Im Rahmen der Marktforschung wird zwischen Primärforschung und Sekundärforschung unterschieden. Unterscheiden Sie die beiden Begriffe und erläutern Sie zwei Vorteile, die die Primärforschung gegenüber der Sekundärforschung bietet. [4]*
(c) *Definieren Sie, was unter „repräsentativen Daten" zu verstehen ist und erläutern Sie deren Bedeutung im Rahmen der Marktforschung. [3]*

Aufgabe 3
A
14 Punkte

Die BüKo GmbH, die bisher als Stabliniensystem organisiert ist, denkt darüber nach, die Aufbauorganisation des Unternehmens neu zu gestalten.

(a) *Erklären Sie anhand von zwei Merkmalen, was unter einer Stabsstelle zu verstehen ist. [2]*
(b) *Nennen Sie – neben der Stabsstelle – zwei weitere Stellenarten. [2]*
(c) *Erläutern Sie zwei Vor- und zwei Nachteile des Stabliniensystems. [4]*
(d) *Die BüKo GmbH erwägt, evtl. eine Matrixorganisation umzusetzen (siehe Abb.). Erläutern Sie, was unter einer Matrixorganisation zu verstehen ist und nennen Sie zwei Vor- und zwei Nachteile dieser Organisationsform. [6]*

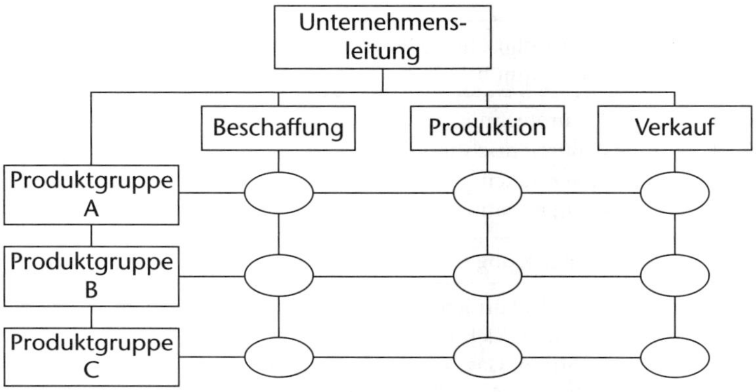

Aufgabe 4
D
14 Punkte

Als Mitarbeiter der Personalabteilung der BüKo GmbH wirken Sie bei der Besetzung einer neuen Stelle für eine „Fachkraft für Arbeitssicherheit und Gesundheitsschutz" mit. Nachdem eine interne Stellenbesetzung nicht möglich war, hat die Geschäftsleitung der BüKo GmbH in Abstimmung mit dem Betriebsrat eine Stellenanzeige geschaltet, um die Stelle mit einem externen Bewerber zu besetzen.

(a) *Die BüKo GmbH hatte zunächst versucht, die Stelle intern zu besetzen. Erläutern Sie zwei Vorteile einer internen Stellenbesetzung. [4]*
(b) *Nennen Sie zwei Möglichkeiten, wie Sie anhand der Bewerbungsunterlagen die Eignung der Bewerber für die Stelle feststellen können. [4]*
(c) *Geben Sie drei konkrete Beispiele für Maßnahmen, die Sie von der neuen Fachkraft für Arbeitssicherheit und Gesundheitsschutz zur Verbesserung der Arbeitssicherheit in der BüKo GmbH erwarten. [6]*

Aufgabe 5
B
10 Punkte

Um die Arbeit der Poststelle effizienter zu gestalten, hat sich die BüKo GmbH ein Postfach angemietet. Darüber hinaus wurde ein automatisches Posteingangssystem angeschafft.

(a) *Begründen Sie mit zwei Argumenten, warum die Anschaffung eines Postfachs für die BüKo GmbH Sinn macht. [4]*
(b) *Erläutern Sie drei Vorteile eines automatischen Posteingangssystems. [6]*

Aufgabe 6
D
11 Punkte

Die Geschäftsleitung der BüKo GmbH plant, im März nächsten Jahres eine zweitägige Veranstaltung in einem Hotel in München durchzuführen. Dort sollen ca. 20 Großkunden über das neue Produktprogramm der BüKo GmbH informiert werden. Sie sind für die Organisation der Tagung verantwortlich.

(a) *Erstellen Sie eine Checkliste mit sieben Tätigkeiten, die im Zuge der Vorbereitung dieser Veranstaltung zu erledigen sind. [7]*
(b) *Auch die Nachbereitung der Veranstaltung gehört zu Ihrem Aufgabenbereich. Erläutern Sie anhand von zwei Argumenten, warum die kritische Nachbereitung einer solchen Veranstaltung notwendig ist. [4]*

Aufgabe 7
D
10 Punkte

Die BüKo GmbH ist trotz ihrer mittelständischen Struktur ein international agierendes Unternehmen. Dies wirkt sich auch auf Ihren Büroalltag aus.

(a) *Etwa ein Fünftel aller Telefonate der BüKo GmbH wird mit dem Ausland geführt.*
Nennen Sie vier Punkte, die in diesem Zusammenhang unbedingt zu beachten sind. [4]
(b) *Bei der Suche nach Telefonnummern stoßen Sie auf folgende Zeichen (Bindestrich) in den Telefonbüchern:*
8567-0
8567-351
Erklären Sie diese Zeichen. [2]
(c) *Sie schicken um 10:00 Uhr MEZ ein Fax nach New York, Sydney, Moskau und Montevideo.*
Ermitteln Sie mithilfe der unten stehenden Zeitkarte, wann die Schreiben jeweils ankommen. [4]

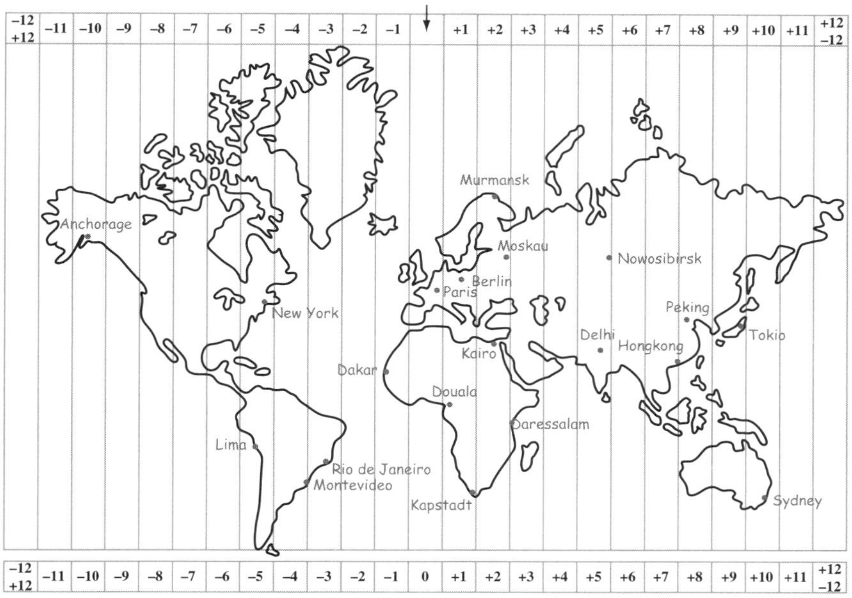

Aufgabe 8
D
12 Punkte

Als Mitarbeiter der Personalabteilung haben Sie die Aufgabe, die Entwicklung des Krankenstandes der BüKo GmbH zu überprüfen. Der durchschnittliche Krankenstand der Mitarbeiter hat sich im vergangenen Jahr wie folgt entwickelt (Angaben in Prozent):

Jan.	Feb.	Mrz.	Apr.	Mai	Jun.	Jul.	Aug.	Sep.	Okt.	Nov.	Dez.
5,8	5,7	4,3	4,1	3,4	2,3	1,7	1,6	2,1	2,4	3,9	4,1

(a) *Berechnen Sie den durchschnittlichen monatlichen Krankenstand der BüKo GmbH im vergangenen Jahr (in Prozent). [2]*
(b) *Beschreiben Sie den Verlauf der Krankenquote im Laufe des vergangenen Jahres. Gehen Sie dabei auch auf mögliche Ursachen für die Schwankungen ein. [4]*
(c) *Erläutern Sie drei mögliche betriebliche Ursachen, die zu einem Anstieg des Krankenstandes führen können. [6]*

3. Klausur

Sachverhalt

Sie sind Mitarbeiter/Mitarbeiterin in der BüKo GmbH (siehe nachfolgende Unternehmensbeschreibung).

Beschreibung des Unternehmens

Firma Geschäftszweck Geschäftssitz Registergericht	BüKo GmbH, Büroeinrichtungs- und Kommunikationssysteme Herstellung und Vertrieb von Büroeinrichtungs- und Kommunikationssystemen Ludwig-Thoma-Str. 47, 95447 Bayreuth Amtsgericht Bayreuth HR B 345-0815 USt-Id.-Nummer: DE 999666333123 Die BüKo GmbH ist Mitglied des Arbeitgeberverbandes. Der Tarifvertrag findet Anwendung.
Geschäftsjahr	1. Januar bis 31. Dezember
Bankverbindung Postbankverbindung	Sparkasse Bayreuth Konto-Nr. 123456789 BLZ 773 501 10 Postbank Nürnberg Konto-Nr. 987654321 BLZ 760 100 85
Produktprogramm (Eigene Erzeugnisse)	– Konferenztische – Konferenzstühle – Besucherstühle – Bürostühle – Regalsysteme
Dienstleistungen	– Lieferung und Montage der gelieferten Büromöbel – Entsorgung von Altmöbeln
Handelswaren	Warengruppe 1: Bürotechnik Warengruppe 2: Büroeinrichtung Warengruppe 3: Verbrauch Warengruppe 4: Organisation
Fertigungsverfahren	Einzel- und Serienfertigung
Stoffe/Vorprodukte	Rohstoffe: Holz, Furniere, Möbelbezugsstoffe, Scharniere Hilfsstoffe: Lacke, Klebstoffe, Schrauben, Nägel Betriebsstoffe: Strom, Gas, Wasser, Heizöl, Schmierstoffe Vorprodukte: Türschlösser, Türknöpfe Energie: Strom, Gas
Mitarbeiter	Angestellte 42 Arbeiter 90 Auszubildende 14
Bilanzsumme	ca. 20 Mio. EUR
Umsatz	ca. 100 Mio. EUR

Herr Batistella, der Vertriebsleiter der BüKo GmbH, bittet Sie, eine Geschäftsreise nach Paris für ihn zu organisieren. Herr Batistella möchte sich am 23. März um 11:30 Uhr im Stadtzentrum von Paris mit einem französischen Geschäftspartner treffen, um Verkaufsverhandlungen zu führen. Am 24. März hat er um 13:30 Uhr bereits wieder einen wichtigen Termin in Düsseldorf wahrzunehmen.

Aufgabe 1
D
13 Punkte

Zeichenerklärungen
Decoding

Zeiten/Times
Alle Zeiten in diesem Flugplan sind Ortszeiten. Regierungsgenehmigungen und Änderungen vorbehalten.

All times shown in this timetable are local times. Subject to government approval and change without previous notice.

Wochentage/Days

1	Montag/Monday
2	Dienstag/Tuesday
3	Mittwoch/Wednesday
4	Donnerstag/Thursday
5	Freitag/Friday
6	Samstag/Saturday
7	Sonntag/Sunday
X	Täglich/Daily
Xe	Täglich außer/Daily except
+	Ankunft einen Tag später arrival next day
△	Ankunft zwei Tage später arrival two days later

Flugzeugtypen/Aircraft types
Jet

ABA	Airbus A300-600 Intercontinental
AB6	Airbus A300-600 Continental
314	Airbus A310-300 Continental
319	Airbus A319
320	Airbus A320
321	Airbus A321-100
340	Airbus A340
737	Boeing 737
744	Boeing 747-400
747	Boeing 747-200
ARJ	AVRO RJ85
146	BAE 146
CRJ	Canadair Jet

Frankfurt + 01:00

→ Palma (Mallorca)

Frq	Dep	Arr	Flight	Aircr.	Stops
7	0550	-0800	DE7724 30Jan–25Mar		0
7	0605	-0810	DE7908 07Nov–14Nov		0
7	0605	-0810	DE7908 06Feb–25Mar		0
3	0720	-0925	DE3254		0
5	0720	-0925	DE5254		0
6	1525	-1730	DE6992 05Feb–25Mar		0
7	1550	-1755	DE7992 07Nov–25Mar		0
3	1830	-2035	DE3538 02Feb–25Mar		0
5	1850	-2055	DE5482 31Okt–26Nov		0
5	1850	-2055	DE5482 24Dez–14Jan		0
5	1850	-2055	DE5482 03Mar–25Mar		0

→ **Paris** PAR + 01:00
C Ch. de Gaulle CDG
Y Orly ORY

Frq	Dep	Arr	Flight	Aircr.	Stops
Xe7	**0750**	**-0905Y**	**4062**	**320**	**0**
X	**0850**	**-1000C**	**4156**	**314**	**0**
X	**1115**	**-1225C**	**4172**	**321**	**0**
X	**1255**	**-1405C**	**4114**	**321**	**0**
X	**1520**	**-1630C**	**4078**	**320**	**0**
X	**1555**	**-1710C**	**4194**	**737**	**0**
13	**1655**	**-1805C**	**4080**	**321**	**0**
Xe13	**1710**	**-1820C**	**4080**	**321**	**0**
Xe6	**1740**	**-1855Y**	**4162**	**320**	**0**
Xe6	**1930**	**-2045C**	**4098**	**737**	**0**
X	**2145**	**-2255C**	**4148**	**321**	**0**

Paris + 01:00
CDG Ch. de Gaulle C
ORY Orly Y

→ **Düsseldorf** DUS + 01:00

Frq	Dep	Arr	Flight	Aircr.	Stops
Xe7	**0700C**	**-0815**	**5757**	**CRJ**	**0**
Xe7	**0905C**	**-1015**	**4135**	**319**	**0**
Xe67	**1650C**	**-1800**	**4107**	**737**	**0**
Xe6	**1945C**	**-2055**	**4137**	**737**	**0**

→ **Frankfurt** FRA + 01:00

Frq	Dep	Arr	Flight	Aircr.	Stops
X	**0650C**	**-0820**	**4133**	**321**	**0**
Xe7	**0955Y**	**-1115**	**4203**	**320**	**0**
X	**1050C**	**-1215**	**4117**	**314**	**0**
X	**1330C**	**-1500**	**4167**	**321**	**0**
X	**1500C**	**-1625**	**4145**	**321**	**0**
X	**1715C**	**-1840**	**4067**	**320**	**0**
X	**1810C**	**-1940**	**4191**	**737**	**0**
X	**1910C**	**-2040**	**4143**	**321**	**0**
Xe6	**1940Y**	**-2100**	**4181**	**320**	**0**
Xe67	**2125C**	**-2245**	**4077**	**737**	**0**
7	**2130C**	**-2250**	**4077**	**319**	**0**

(a) *Ermitteln Sie aus den oben abgebildeten Tabellenausschnitten des gültigen Flugplans die geeigneten Flüge. Notieren Sie Fluggesellschaft und Flugnummer sowie An- und Abflugzeiten für Hin- und Rückflug, sodass die Buchung nach Abstimmung mit Herrn Batistella entsprechend erfolgen kann. [4]*

(b) *Herr Batistella bittet Sie darüber hinaus, einen Reiseplan zusammenzustellen, der die wesentlichen Eckdaten seiner Geschäftsreise umfasst.*

(c) *Nennen Sie fünf Punkte, die in dem Reiseplan festgehalten werden müssen. [5]*
Nach seiner Rückkehr nach Bayreuth stellt Herr Batistella der BüKo GmbH seine angefallenen Reisekosten in Rechnung.
Welche Kosten kann Herr Batistella nach Vorlage entsprechender Belege abrechnen? Nennen Sie vier Beispiele. [4]

Aufgabe 2
C
17 Punkte

Als Mitarbeiter der EDV-Abteilung der BüKo GmbH haben Sie die Aufgabe, für die Kollegin Saskia Weigand, die in der Abteilung Vertrieb tätig ist, die Einrichtung ihres PCs durchzuführen. Auf dem Rechner sollen neben der Bildbearbeitung Texte sowie Tabellen mit Diagrammen erstellt werden. Weiterhin soll ein Internetzugriff vorhanden und die Verwaltung von E-Mails möglich sein. Für interessierte Kunden sollen mithilfe des PCs Präsentationen durchgeführt werden. Darüber hinaus soll die Möglichkeit bestehen, Abfragen zu erstellen, um beispielsweise Kunden mit spezifischen Kundenwünschen auszufiltern.

(a) *Welche Software müssen Sie zunächst installieren, damit der Computer überhaupt lauffähig ist. [2]*
(b) *Nennen Sie die fünf Programme aus dem Office-Paket, die Sie auf dem Rechner installieren müssen, um alle gewünschten Tätigkeiten ausführen zu können. [5]*
(c) *Frau Weigand kommuniziert mit ihren Kunden häufig per E-Mail. Erläutern Sie zwei Vorteile und zwei Nachteile dieser Art der Kommunikation. [8]*
(d) *Insbesondere durch den Internetzugang besteht die Gefahr, dass Viren oder Trojaner in das System eindringen. Nennen Sie zwei Maßnahmen, wie Sie den Rechner davor schützen können. [2]*

Aufgabe 3
B
12 Punkte

Ein Teil Ihrer Arbeit bei der BüKo GmbH ist die Planung und Überwachung von Terminen. Dazu verwenden Sie auch verschiedene Planungstechniken und -hilfen.

(a) *Beschreiben Sie die Einsatzmöglichkeiten von Plantafel, Terminkalender, Terminmappe und elektronischen Terminverwaltungs-Programm (z. B. Outlook). [4]*
(b) *Nennen Sie die fünf Schritte der Terminplanung nach der „ALPEN"-Methode. [5]*
(c) *Erläutern Sie das Pareto-Prinzip und seine Bedeutung für das Zeitmanagement. [3]*

Aufgabe 4
B
12 Punkte

Sie werden für ein neues Projekt innerhalb der BüKo GmbH in eine andere Abteilung versetzt. In dieser Abteilung sollen Sie einen bereits vorhandenen Arbeitsplatz unter dem Gesichtspunkt der ganzheitlichen und ergonomischen Gestaltung von Arbeitsplatz und Arbeitsmitteln überprüfen.

(a) *Nennen Sie fünf Mindestanforderungen, denen ein optimal eingerichtetes Büro entsprechen sollte. [5]*
(b) *Listen Sie vier Mindestanforderungen auf, die an einen ergonomisch geformten Bürostuhl gestellt werden. [4]*
(c) *Zeigen Sie an mindestens drei Beispielen, welchen Einfluss Gesetze und Verordnungen auf die Gestaltung der Arbeitsumgebung und das Arbeitsverhalten der im Büro Beschäftigten haben. [3]*

Aufgabe 5
A
13 Punkte

Um ihr Marketing zu professionalisieren, beauftragt die BüKo GmbH einen Unternehmensberater. Dieser schlägt der BüKo GmbH vor, eine horizontale Diversifikation zu betreiben, um flexibler auf Absatzschwankungen reagieren zu können. Außerdem regt er an, die eigenen Außendienstmitarbeiter (Handlungsreisenden) zukünftig durch Handelsvertreter zu ersetzen.

(a) *Definieren Sie den Begriff „horizontale Diversifikation" und erläutern Sie, was dieser Vorschlag konkret für die BüKo GmbH bedeuten würde. [2]*
(b) *Welchem Element des Marketing-Mix ist diese Maßnahme zuzuordnen? [1]*
(c) *Erläutern Sie zwei Argumente, die für den Vorschlag einer horizontalen Diversifikation sprechen. [2]*
(d) *Erläutern Sie den Unterschied zwischen Handlungsreisenden und Handelsvertretern an mindestens drei Merkmalen. [3]*
(e) *Für Handlungsreisende musste die BüKo GmbH bisher insgesamt ein monatliches Fixum von 35.000,00 EUR zahlen. Die Handlungsreisenden erhielten eine Provision von 3 %. Den Handelsvertretern wäre eine Provision von 9 % zu zahlen.*
Berechnen Sie den kritischen Jahresumsatz und erläutern Sie den Aussagegehalt der berechneten Zahl. [5]

Eine in der Poststelle beschäftigte Auszubildende, die die nachfolgend beschriebenen Sendungen postfertig machen soll, fragt Sie um Rat.

Aufgabe 6
B
12 Punkte

	Beschreibung der Sendung	Gewicht in g	Höhe in mm
1	Eine Uhr soll versichert versendet werden. Sie passt in eine Versandtasche B5.	250	22
2	Eine wichtige Mitteilung soll an einen ehemaligen Mitarbeiter versendet werden. Das Dokument, in dem der Mitarbeiter den Erhalt bestätigt, soll dem Absender wieder zugehen.	15	3
3	Eine CD-ROM wird in einer gepolsterten Versandtasche versendet. Der Postbote soll einen Betrag bei Aushändigung des Briefes einziehen und an die BüKo GmbH überweisen.	300	10
4	Eine Kündigung (A4) soll im Wickelfalz nur dem Empfänger persönlich ausgehändigt werden.	10	3

(a) *Wählen Sie eine günstige Sendungsart und eine geeignete Versendungsform der Deutschen Post AG aus. Geben Sie außerdem das Briefhüllenformat an (Versendung im Inland). [8]*
(b) *Ein weiterer Aufgabenbereich der Auszubildenden ist das Abstempeln der Eingangspost. Erläutern Sie zwei Hauptgründe, warum die Eingangspost in Unternehmen abgestempelt wird. [4]*

Die Geschäftsleitung der BüKo GmbH erteilt Herrn Abraham Prokura und Frau Koska eine allgemeine Handlungsvollmacht.

Aufgabe 7
B
9 Punkte

(a) *Erläutern Sie, was unter einer allgemeinen Handlungsvollmacht zu verstehen ist und grenzen Sie die allgemeine Handlungsvollmacht von der Artvollmacht und der Einzelvollmacht ab. [3]*
(b) *Nennen Sie drei Rechtsgeschäfte, die nur der Prokurist Herr Abraham, nicht aber Frau Koska trotz ihrer allgemeinen Handlungsvollmacht abschließen kann. [3]*
(c) *Nennen Sie drei Rechtsgeschäfte, die Herr Abraham trotz Prokura nicht abschließen kann. [3]*

Sie sind damit beauftragt worden, ein Konzept für die Archivierung der Unterlagen der BüKo GmbH zu konzipieren.

Aufgabe 8
B
12 Punkte

(a) *Unterscheiden Sie im Hinblick auf die Aufbewahrungsfristen zwischen Tageswert, Prüfwert, Gesetzeswert und Archivwert, indem Sie jeweils ein Beispiel nennen. [4]*
(b) *Erklären Sie den Unterschied zwischen einer Einzelakte und einer Sammelakte. [2]*
(c) *Unterscheiden Sie zwischen der liegenden, stehenden und hängenden Registratur. Nennen Sie zu jeder Registraturform einen Vorteil und einen Nachteil. [6]*

4. Klausur

Sie sind Mitarbeiter/Mitarbeiterin in der BüKo GmbH (siehe nachfolgende Unternehmensbeschreibung).

Sachverhalt

Beschreibung des Unternehmens

Firma Geschäftszweck Geschäftssitz Registergericht	BüKo GmbH, Büroeinrichtungs- und Kommunikationssysteme Herstellung und Vertrieb von Büroeinrichtungs- und Kommunikationssystemen Ludwig-Thoma-Str. 47, 95447 Bayreuth Amtsgericht Bayreuth HR B 345-0815 USt-Id.-Nummer: DE 999666333123 Die BüKo GmbH ist Mitglied des Arbeitgeberverbandes. Der Tarifvertrag findet Anwendung.
Geschäftsjahr	1. Januar bis 31. Dezember
Bankverbindung Postbankverbindung	Sparkasse Bayreuth Konto-Nr. 123456789 BLZ 773 501 10 Postbank Nürnberg Konto-Nr. 987654321 BLZ 760 100 85
Produktprogramm (Eigene Erzeugnisse)	– Konferenztische – Konferenzstühle – Besucherstühle – Bürostühle – Regalsysteme
Dienstleistungen	– Lieferung und Montage der gelieferten Büromöbel – Entsorgung von Altmöbeln
Handelswaren	Warengruppe 1: Bürotechnik Warengruppe 2: Büroeinrichtung Warengruppe 3: Verbrauch Warengruppe 4: Organisation
Fertigungsverfahren	Einzel- und Serienfertigung
Stoffe/Vorprodukte	Rohstoffe: Holz, Furniere, Möbelbezugsstoffe, Scharniere Hilfsstoffe: Lacke, Klebstoffe, Schrauben, Nägel Betriebsstoffe: Strom, Gas, Wasser, Heizöl, Schmierstoffe Vorprodukte: Türschlösser, Türknöpfe Energie: Strom, Gas
Mitarbeiter	Angestellte 42 Arbeiter 90 Auszubildende 14
Bilanzsumme	ca. 20 Mio. EUR
Umsatz	ca. 100 Mio. EUR

Aufgabe 1
C, D
16 Punkte

In der BüKo GmbH werden sowohl in der internen als auch in der externen Kommunikation Vordrucke eingesetzt.

(a) *Erläutern Sie vier Argumente, die für den Einsatz von Vordrucken sprechen. [8]*
(b) *Formulieren Sie zwei inhaltliche und zwei formale Anforderungen, die bei der Gestaltung von Vordrucken erfüllt sein müssen. [8]*

Aufgabe 2
B
11 Punkte

Als Krankheitsvertretung müssen Sie in der Poststelle aushelfen. Dort haben Sie als Hilfsmittel eine Poststraße mit einem Freistempler zur Verfügung.

(a) *Beschreiben Sie sechs Funktionen, die eine Poststraße übernehmen kann. [6]*
(b) *Erläutern Sie kurz die Funktion eines Freistemplers und unterscheiden Sie zwischen dem Wertkarten- und dem Wertvorgabesystem. [5]*

Aufgabe 3
C, D
12 Punkte

Sie haben sich bereit erklärt, eine Auszubildende, die in der Telefonzentrale der BüKo GmbH eingesetzt werden soll, einzuarbeiten.

(a) *Beim Durchgehen der Telefonbucheinträge stoßen Sie auf folgende Nummern:*
0800 345141
<3887345>
Tel/Fax 476398
0180 333456
0900 3552667
§ 6458923
Erklären Sie kurz, welche Besonderheit es mit der jeweiligen Telefonnummer auf sich hat. [6]

(b) *Erläutern Sie die folgenden Leistungsmerkmale der Telefonanlage der BüKo GmbH:*
Anklopfen
Anrufweiterschaltung / Rufumleitung
Rufnummernübermittlung
Dreierkonferenz
Makeln
Sperrschloss
[6]

Aufgabe 4
D
10 Punkte

Als Assistent der Geschäftsleitung der BüKo GmbH sollen Sie eine Informationsveranstaltung vorbereiten, an der ca. 70 Personen teilnehmen werden (Kunden und Mitarbeiter). Das Thema der Veranstaltung lautet „Ergonomie und Design – mit BüKo-Büromöbeln mehr Arbeitsfreude ins Büro" und es sollen die strategische Ausrichtung der BüKo GmbH sowie das neue Produktprogramm vorgestellt werden.

(a) *Die BüKo GmbH verfügt zurzeit nicht über einen Raum, der allen Teilnehmern ausreichend Platz bietet.*
Nennen Sie fünf Kriterien, die Sie bei der Auswahl des Raumes beachten sollten. [5]

(b) *Nachdem Sie einen geeigneten Raum gefunden und reserviert haben, müssen Sie die Teilnehmer über die geplante Informationsveranstaltung informieren.*
Nennen Sie fünf Informationen, die das Einladungsschreiben enthalten muss. [5]

Aufgabe 5
A
13 Punkte

Wichtige Kunden der BüKo GmbH reduzierten in der letzten Zeit ihre Abnahmemengen deutlich. Deshalb sind in den letzten drei Monaten die Auftragseingänge bei der BüKo GmbH um 25 % gegenüber dem Vorjahr eingebrochen. Darüber hinaus verstärken Globalisierung und Wachstumsschwächen auf den Absatzmärkten den Preisdruck, der von Kunden der BüKo GmbH in den Vertragsverhandlungen ausgeübt wird. Um die Situation zu verbessern, soll der Marketing-Mix überarbeitet und optimiert werden.

(a) *Nennen Sie die vier Elemente des Marketing-Mix und erläutern Sie diese jeweils kurz. [4]*

(b) *Die BüKo GmbH erwägt die Einführung eines neuen Schreibtisches „Future". Bei der Neueinführung des Produkts soll im Hinblick auf die Preispolitik die Penetrationsstrategie gewählt werden.*
Erläutern Sie, was damit gemeint ist, indem Sie die Penetrationsstrategie anhand von zwei Kriterien von der Skimmingstrategie abgrenzen. [2]

(c) *Für die Produktion des Schreibtisches „Future" fallen monatlich Fixkosten in Höhe von 200.000 EUR an. Die variablen Kosten je Schreibtisch betragen 274,50 EUR.*
Ab welcher jährlichen Absatzmenge würde die BüKo GmbH einen Gewinn erzielen, wenn der Absatzpreis 396,00 EUR netto beträgt? [3]

(d) *Nennen Sie vier Gestaltungsbereiche der Produktpolitik. [4]*

Aufgabe 6
A
12 Punkte

Herr Unger hat seit Anfang des Jahres in der BüKo GmbH die Leitung der Abteilung Einkauf übernommen. Im Gegensatz zu seinem Vorgänger, der für seinen autoritären Führungsstil bekannt war, pflegt Herr Unger einen kooperativen Führungsstil. Darüber hinaus führt er nach dem Managementprinzip „Management by exception".

(a) *Erklären Sie, was unter einem kooperativen Führungsstil und dem „Management by exception" zu verstehen ist. [2]*

(b) *Erläutern Sie drei Auswirkungen, die der neue Führungsstil auf die Mitarbeiter der Abteilung haben könnte. [6]*

(c) *Nennen und erläutern Sie zwei weitere Management-Prinzipien. [4]*

Aufgabe 7
A, D
15 Punkte

Sie sind als Mitarbeiter für die Personalentwicklung zuständig. Bisher wurde in der BüKo GmbH bei Personalentwicklungsaktivitäten nicht einheitlich verfahren. In einem Workshop, der das Ziel hat, eine neue Personalentwicklungsstrategie zu entwickeln, arbeiten neben der Geschäftsführung und ausgewählten Mitarbeitern auch Betriebsratsmitglieder mit.

(a) Welche Rolle hat der Betriebsrat beim Aufbau der Personalentwicklung und in welchem Gesetz können Sie Einzelheiten dazu nachlesen? [3]

(b) Schlagen Sie drei Möglichkeiten vor, wie die Zusammenarbeit der Personalabteilung mit dem Betriebsrat verbessert werden kann. [6]

(c) In Zusammenarbeit mit dem Betriebsrat entwickeln Sie das gemeinsame Vorhaben, in der BüKo GmbH ein betriebliches Vorschlagwesen einzuführen.
Erläutern Sie insgesamt drei Vorteile, die sich für die BüKo GmbH und ihre Mitarbeiter aus der Einrichtung eines betrieblichen Vorschlagwesens ergeben können. [6]

Aufgabe 8
A
11 Punkte

Die BüKo GmbH erwägt, einen achtzügigen Hängeregistratur-Schrank aus Metall in sein Sortiment aufzunehmen. Die Konditionen eines potentiellen Anbieters, der Schneider KG, lauten wie folgt:

Listenpreis: 500,00 EUR; Rabatt: 10 %; Skonto: 2 % bei Zahlung innerhalb von 10 Tagen, Bezugskosten: 39,00 EUR

(a) Stellen Sie das Kalkulationsschema für die Bezugskalkulation auf und ermitteln Sie den Bezugspreis für die Hängeregistratur. [6]

(b) Neben dem Angebot der Schneider KG liegen der BüKo GmbH noch weitere Angebote verschiedener Lieferanten vor.
Nennen Sie fünf Kriterien, die bei der Wahl eines Lieferanten – neben dem Bezugspreis – berücksichtigt werden sollten. [5]

Sie sind Mitarbeiter/Mitarbeiterin in der BüKo GmbH (siehe nachfolgende Unternehmensbeschreibung).

Beschreibung des Unternehmens

Firma Geschäftszweck Geschäftssitz Registergericht	BüKo GmbH, Büroeinrichtungs- und Kommunikationssysteme Herstellung und Vertrieb von Büroeinrichtungs- und Kommunikationssystemen Ludwig-Thoma-Str. 47, 95447 Bayreuth Amtsgericht Bayreuth HR B 345-0815 USt-Id.-Nummer: DE 999666333123 Die BüKo GmbH ist Mitglied des Arbeitgeberverbandes. Der Tarifvertrag findet Anwendung.
Geschäftsjahr	1. Januar bis 31. Dezember
Bankverbindung Postbankverbindung	Sparkasse Bayreuth Konto-Nr. 123456789 BLZ 773 501 10 Postbank Nürnberg Konto-Nr. 987654321 BLZ 760 100 85
Produktprogramm (Eigene Erzeugnisse)	– Konferenztische – Konferenzstühle – Besucherstühle – Bürostühle – Regalsysteme
Dienstleistungen	– Lieferung und Montage der gelieferten Büromöbel – Entsorgung von Altmöbeln
Handelswaren	Warengruppe 1: Bürotechnik Warengruppe 2: Büroeinrichtung Warengruppe 3: Verbrauch Warengruppe 4: Organisation
Fertigungsverfahren	Einzel- und Serienfertigung
Stoffe/Vorprodukte	Rohstoffe: Holz, Furniere, Möbelbezugsstoffe, Scharniere Hilfsstoffe: Lacke, Klebstoffe, Schrauben, Nägel Betriebsstoffe: Strom, Gas, Wasser, Heizöl, Schmierstoffe Vorprodukte: Türschlösser, Türknöpfe Energie: Strom, Gas
Mitarbeiter	Angestellte 42 Arbeiter 90 Auszubildende 14
Bilanzsumme	ca. 20 Mio. EUR
Umsatz	ca. 100 Mio. EUR

Aufgabe 1
A
16 Punkte

Die BüKo GmbH plant, ihre Beschaffungsprozesse zu optimieren. Dazu werden verschiedene Subprozesse der Beschaffung zunächst genauer analysiert.

(a) Erläutern Sie, welche Ziele der Einkauf grundsätzlich verfolgt. [6]

(b) Im Hinblick auf die „optimale Bestellmenge" befindet sich der Einkauf stets in einem Zielkonflikt. Erläutern Sie diesen Zielkonflikt, indem Sie die Auswirkungen von hohen bzw. niedrigen Beschaffungsmengen darstellen. [6]

(c) In der BüKo GmbH kommt – wie in vielen Unternehmen – das Bestellpunktverfahren zur Anwendung. Grenzen Sie das Bestellpunktverfahren vom Bestellrhythmusverfahren ab und erläutern Sie anhand von zwei Argumenten, weshalb sich das Bestellpunktverfahren gegenüber dem Bestellrhythmusverfahren in der Praxis durchgesetzt hat. [4]

Aufgabe 2
A
12 Punkte

Der Schreibtischstuhl „Aktiva" der BüKo GmbH befindet sich im Rahmen seines Produktlebenszyklus in der Degenerationsphase (Rückgangsphase).

Phasen des Produktlebenszyklusses

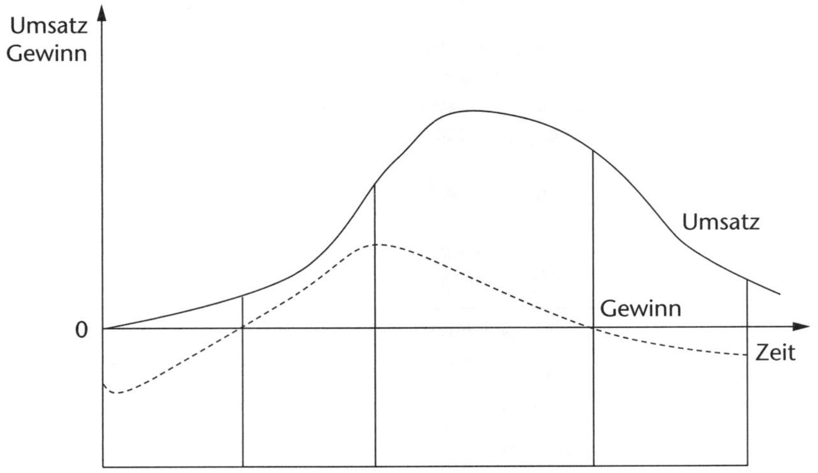

(a) Beschreiben Sie zwei Merkmale der Degenerationsphase. [4]
(b) Schlagen Sie zwei Maßnahmen vor, wie die BüKo GmbH in dieser Phase sinnvollerweise vorgehen sollte. [4]
(c) Nennen Sie die drei anderen Phasen des Produktlebenszyklus. [4]

Aufgabe 3
B
12 Punkte

Als Hilfestellung für Auszubildende sollen Sie verschiedene Versandmöglichkeiten der Deutschen Post AG der folgenden Tabelle zuordnen.

Auf normalem Weg	Besonders sicher	Besonders schnell	Besonders preiswert

(a) Ordnen Sie der oben stehenden Tabelle acht konkrete Versandarten zu. [8]
(b) Den jeweils in der Poststelle eingesetzten Auszubildenden soll eine Postvollmacht erteilt werden. Erläutern Sie, was darunter zu verstehen ist. [4]

Aufgabe 4
A, B, C
10 Punkte

Die BüKo GmbH erwägt ein Outsourcing für den IT-Bereich des Unternehmens.

(a) Erläutern Sie, was unter Outsourcing zu verstehen ist. [2]
(b) Führen Sie zwei Argumente an, die aus Sicht der BüKo GmbH für ein Outsourcing des IT-Bereichs sprechen. [4]
(c) Erläutern Sie vier Risiken, die mit einem Outsourcing verbunden sein können. [4]

Aufgabe 5
C
14 Punkte

In der BüKo GmbH ist die Funktion des Datenschutzbeauftragten intern ausgeschrieben.

(a) Unter welcher Voraussetzung benötigt die BüKo GmbH einen eigenen Datenschutzbeauftragten? [2]
(b) Erläutern Sie die Aufgabe und die Rechtsstellung eines Datenschutzbeauftragten der BüKo GmbH. [4]
(c) Nennen und erläutern Sie vier Maßnahmen, die bei der Organisation der elektronischen und automatisierten Datenverarbeitung getroffen werden müssen, um den Datenschutz zu gewährleisten. [8]

Aufgabe 6
D
12 Punkte

Als Mitarbeiter/Mitarbeiterin in der Personalabteilung der BüKo GmbH sind Sie für die Personalbedarfsplanung und die Personalbeschaffung verantwortlich. In den letzten drei Jahren lässt sich eine stetig gestiegene Mitarbeiterfluktuation feststellen.

(a) Erklären Sie, was unter dem Begriff Mitarbeiterfluktuation zu verstehen ist. [2]
(b) Nennen Sie vier mögliche Ursachen, wie es zu der hohen Mitarbeiterfluktuation kommen konnte. [8]
(c) Sie haben die Aufgabe, den Netto-Personalbedarf der BüKo GmbH für das kommende Jahr zu berechnen. Stellen Sie eine Formel auf, mit der sich diese Größe ermitteln lässt. [2]

Aufgabe 7
D
12 Punkte

Nach Abschluss Ihrer Ausbildung werden Sie als Assistentin/Assistent des Vertriebsleiters Herrn Batistella beschäftigt. Zu Ihren Aufgaben gehört u. a. die organisatorische Vorbereitung der Dienstreisen Ihres Chefs.

(a) Anfang Dezember hat Herr Batistella um 14:00 Uhr einen Termin in Hamburg wahrzunehmen. Er ist unschlüssig, ob er mit dem Flugzeug oder mit der Bahn anreisen soll.
Nennen Sie jeweils zwei grundsätzliche Vorteile und Nachteile der beiden Reisemöglichkeiten gegenüber der Anreise mit dem Pkw. [8]
(b) Im März des folgenden Jahres wird Herr Batistella eine Geschäftsreise nach Shanghai antreten.
Nennen Sie zwei Punkte, die Sie auf Ihrer Checkliste für Geschäftsreisen im Inland und ins europäische Ausland für diese Reise ergänzen müssen. [4]

Aufgabe 8
D
12 Punkte

Die BüKo GmbH sucht einen Mitarbeiter für eine frei gewordene Stelle als Außendienstmitarbeiter (Reisender). Für die innerbetriebliche Stellenausschreibung zur Besetzung der Stelle eines Reisenden zum 01.10. d. J. hat ein Kollege am 01.04. den unten stehenden Entwurf erstellt.

An alle, die weiterkommen möchten!

Stellenbeschreibung
Für den Vertrieb wird zum 1. Oktober
ein Reisender
gesucht.

Aufgabenbereich:

Kundenbesuche zur Vertragsanbahnung und zum Vertragsabschluss im eigenen Namen und auf Rechnung der BüKo GmbH.

Anforderungen:

- Mindestalter: 30 Jahre
- Selbstständige Arbeitsweise
- Organisationstalent
- Flexibilität
- ...

Wir bitten Sie, Ihre Bewerbung bis spätestens 1. Oktober in der Personalabteilung einzureichen. Die Angelegenheit wird vertraulich behandelt.

Die Personalabteilung

Jörg Meier

(a) Sie sind der Auffassung, dass die im Entwurf angeführten Anforderungen an den Bewerber noch ergänzungsbedürftig sind. Nennen Sie vier weitere Anforderungen, die in dem oben stehenden Entwurf zu ergänzen sind. [4]
(b) Sie stellen fest, dass der Entwurf darüber hinaus noch sachliche/rechtliche Fehler enthält. Nennen Sie vier dieser Fehler und korrigieren Sie diese. [8]

Wirtschafts- und Sozialkunde

Grundlegendes zum Prüfungsfach

Im Prüfungsfach Wirtschafts- und Sozialkunde soll der Prüfling in einer 60-minütigen schriftlichen Prüfung zeigen, dass er wirtschaftliche und gesellschaftliche Zusammenhänge der Arbeitswelt darstellen kann.

Der typische Prüfungsaufbau besteht aus vier Themenbereichen, die in unterschiedlichem Umfang abgeprüft werden:

Inhalte/Themengebiete	Anteil in %
A. Wirtschaftliche Grundlagen	ca. 30
B. Rechtliche Grundlagen	ca. 35
C. Mitarbeiter im Betrieb	ca. 10
D. Einflussnahme des Staates auf das Wirtschaftsleben	ca. 25

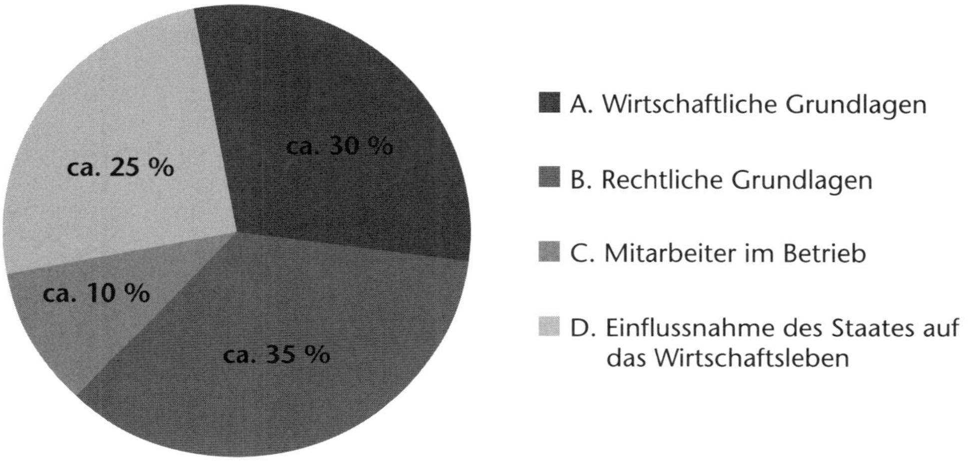

Die einzelnen Aufgaben wurden in den Probeklausuren so gekennzeichnet, dass sie einem Themenbereich zugeordnet werden können (Großbuchstaben unter den Aufgabennummern). In der Abschlussprüfung im Prüfungsfach Wirtschafts- und Sozialkunde sind insgesamt 100 Punkte zu erreichen. Bei 30 Aufgaben wird jede Aufgabe mit 3,333 Punkten $\left(\frac{100}{30}\right)$ bewertet.

30 Aufgaben, 60 Minuten Prüfungszeit, 100 Punkte

Bearbeitungshinweise:

1. Bevor Sie mit der Bearbeitung der Aufgaben in der Kammerprüfung beginnen, überprüfen Sie bitte die **Vollständigkeit** des Aufgabensatzes. Die Anzahl der zu bearbeitenden Aufgaben ist auf dem Deckblatt links angegeben. Wenden Sie sich bei Unstimmigkeiten sofort an die Aufsicht, weil Reklamationen am Ende der Prüfung nicht anerkannt werden können.
2. Dem Aufgabensatz der Abschlussprüfung liegt ein separater **Lösungsbogen** zur Eintragung der Lösungen bei. Verwenden Sie diesen Lösungsbogen nicht als Schreibunterlage für evtl. Nebenrechnungen und kontrollieren Sie vor dem Abgeben des Lösungsbogens, ob Ihre Eintragungen auf der Durchschrift (auch in der Kopfzeile) gut zu lesen sind.
3. Schreiben Sie deutlich, drücken Sie dabei kräftig auf und benutzen Sie nur **Kugelschreiber**.
4. Füllen Sie in der Prüfung zuerst die **Kopfzeile** aus. Tragen Sie Ihren Familiennamen, Ihren Vornamen und Ihre Prüflings-Nummer in die dafür vorgesehenen Felder des Lösungsbogens ein.
5. Die Aufgaben können grundsätzlich in **beliebiger Reihenfolge** bearbeitet werden. Bei zusammenhängenden Aufgaben mit gemeinsamer Situationsvorgabe empfiehlt sich jedoch die Einhaltung der vorgegebenen Reihenfolge.
6. Tragen Sie Ihre **Ergebnisse** in die durch die Aufgaben-Nummern entsprechend gekennzeichneten Lösungskästchen auf dem Lösungsbogen ein. Die Anzahl der richtigen Lösungsziffern erkennen Sie an der Zahl der vorgedruckten **Lösungskästchen**.
7. Wenn Sie ein **Ergebnis korrigieren** wollen, streichen Sie das alte durch und schreiben Sie das korrigierte Ergebnis ausschließlich **über** das Lösungskästchen.
8. Zur Bearbeitung ist ein netzunabhängiger, geräuscharmer und nicht programmierbarer **Taschenrechner** ohne Kommunikationsmöglichkeit mit Dritten zugelassen.
9. Wenn Sie ein **gerundetes Ergebnis** eintragen und damit weiterrechen müssen, rechnen Sie (auch im Taschenrechner) nur mit diesem gerundeten Ergebnis weiter.
10. Für **Nebenrechnungen/Hilfsaufzeichnungen** können Sie die im Aufgabensatz ggf. enthaltenen Konzeptflächen verwenden. Bewertet werden jedoch nur Ihre Eintragungen im Lösungsbogen.

Sie sind Mitarbeiter/Mitarbeiterin in der BüKo GmbH (siehe nachfolgende Unternehmensbeschreibung).

Sachverhalt

Beschreibung des Unternehmens

Firma Geschäftszweck Geschäftssitz Registergericht	BüKo GmbH, Büroeinrichtungs- und Kommunikationssysteme Herstellung und Vertrieb von Büroeinrichtungs- und Kommunikationssystemen Ludwig-Thoma-Str. 47, 95447 Bayreuth Amtsgericht Bayreuth HR B 345-0815 USt-Id.-Nummer: DE 999666333123 Die BüKo GmbH ist Mitglied des Arbeitgeberverbandes. Der Tarifvertrag findet Anwendung.
Geschäftsjahr	1. Januar bis 31. Dezember
Bankverbindung Postbankverbindung	Sparkasse Bayreuth Konto-Nr. 123456789 BLZ 773 501 10 Postbank Nürnberg Konto-Nr. 987654321 BLZ 760 100 85
Produktprogramm (Eigene Erzeugnisse)	– Konferenztische – Konferenzstühle – Besucherstühle – Bürostühle – Regalsysteme
Dienstleistungen	– Lieferung und Montage der gelieferten Büromöbel – Entsorgung von Altmöbeln
Handelswaren	Warengruppe 1: Bürotechnik Warengruppe 2: Büroeinrichtung Warengruppe 3: Verbrauch Warengruppe 4: Organisation
Fertigungsverfahren	Einzel- und Serienfertigung
Stoffe/Vorprodukte	Rohstoffe: Holz, Furniere, Möbelbezugsstoffe, Scharniere Hilfsstoffe: Lacke, Klebstoffe, Schrauben, Nägel Betriebsstoffe: Strom, Gas, Wasser, Heizöl, Schmierstoffe Vorprodukte: Türschlösser, Türknöpfe Energie: Strom, Gas
Mitarbeiter	Angestellte 42 Arbeiter 90 Auszubildende 14
Bilanzsumme	ca. 20 Mio. EUR
Umsatz	ca. 100 Mio. EUR

Sachverhalt zur 1. bis 6. Aufgabe

Sachverhalt

Sie sind als Mitarbeiter/-in der Abteilung Einkauf in der Büko GmbH für die Beschaffung der Handelswaren zuständig. Als Reaktion auf eine entsprechende Anfrage erhalten Sie das Angebot der Papierwerk Walz GmbH (s. o.).

Beleg zur Aufgabe 1 bis 6

Papierwerk Walz GmbH
Fabrikation von Schreibbedarf
Siemensstr. 16, 91052 Erlangen

Papierwerk Walz AG - Siemensstr. 16 - 91052 Erlangen

BüKo GmbH
Ludwig-Thoma-Straße 47

95447 Bayreuth

Ihr Zeichen: mu
Ihre Nachricht vom: ..-04-09
Unser Zeichen: fl/ge
Unsere Nachricht vom:

Name: Frau Geladi
Telefon: (0 23 81) 41 71 18
Telefax: (0 23 81) 98 54 10

Datum: ..-04-11

Angebot Nr. 3 - 18

Sehr geehrte Damen und Herren,

wunschgemäß senden wir Ihnen das angeforderte Angebot:

Pos.	Einheit	Artikel-nummer	Artikelbezeichnung	Einzelpreis in EUR	Rabatt
1	Pack. à 500 Blatt	V-2340	Kopierpapier aus Altpapier	3,70	10 %

Ab einem Bestellwert von 1.000,00 EUR liefern wir frei Haus, ansonsten berechnen wir 3 % des Warenwertes als Lieferkosten, mindestens jedoch 7,50 EUR. Die Lieferung erfolgt binnen zwei Wochen nach Eingang der Bestellung.

Wir gewähren Ihnen ein Zahlungsziel von 14 Tagen.

Die gelieferten Waren bleiben bis zur vollständigen Bezahlung unser Eigentum.

Mit freundlichen Grüßen

i. A. *Geladi*

Papierwerke Walz GmbH

Fabrikation von Schreibbedarf

USt-Id.-Nr. DE 472893912, Steuernummer: 142536478731

Bankverbindung: Sparkasse Erlangen BLZ 76350000 Kto-Nr. 735619237

Aufgabe 1 B

Wie ist die Übernahme der Versandkosten ab einem Warenwert von 1.000 EUR im vorliegenden Angebot geregelt?

(1) Die Papierwerk Walz GmbH übernimmt lediglich die Verladekosten, nicht jedoch die Entladekosten.
(2) Die Papierwerk Walz GmbH übernimmt alle Versandkosten mit Ausnahme des Rollgeldes.
(3) Die Papierwerk Walz GmbH übernimmt lediglich die vollständigen Frachtkosten.
(4) Die Papierwerk Walz GmbH übernimmt sämtliche Versandkosten einschließlich der Verlade- und Entladekosten.
(5) Sämtliche Versandkosten sind von der BüKo GmbH zu tragen.

Aufgabe 2 B

Welche der folgenden vertraglichen Regelungen bezüglich der Verteilung der Versandkosten entspricht der gesetzlichen Regelung?

(1) „ab Werk“
(2) „unfrei“
(3) „frei Waggon“
(4) „frachtfrei“
(5) „frei Lager“

Aufgabe 3 B

Welche Regelung hat die Papierwerk Walz GmbH in ihrem Angebot bezüglich der Lieferzeit getroffen?

(1) Der Liefertermin ist kalendermäßig unbestimmt.
(2) Der Liefertermin ist kalendermäßig bestimmbar.
(3) Der Liefertermin ist kalendermäßig bestimmt.
(4) Es handelt sich hier um einen Fixkauf.
(5) Es handelt sich hier um einen Kauf auf Abruf.

Aufgabe 4 B

Angenommen die Papierwerk Walz GmbH hätte in ihrem Angebot keine Regelung zum Liefertermin getroffen. Wie wäre die entsprechende gesetzliche Regelung?

(1) Spätestens bei der Bestellung muss ein Liefertermin festgelegt werden.
(2) Die Lieferung muss spätestens bis zum Ende des Folgemonats (nach Eingang der Bestellung beim Lieferanten) erfolgen.
(3) Die Lieferung muss binnen zwei Wochen (nach Eingang der Bestellung beim Lieferanten) erfolgen.
(4) Es existiert keine gesetzliche Regelung bezüglich der Lieferzeit.
(5) Der Käufer kann die sofortige Lieferung verlangen, wenn vertraglich nichts anderes vereinbart wurde.

Aufgabe 5 B

Im Angebot der Papierwerk Walz GmbH befindet sich die Formulierung „Die gelieferten Waren bleiben bis zur vollständigen Bezahlung unser Eigentum.“ Welchen Zweck verfolgt die Papierwerke Walz GmbH mit dieser Vereinbarung?

(1) Die Papierwerk Walz GmbH verfolgt mit dieser Formulierung keinen besonderen Zweck.
(2) Es handelt sich um eine Standardformulierung aus den Allgemeinen Geschäftsbedingungen.
(3) Es handelt sich um den sogenannten Eigentumsvorbehalt. Besitz und Eigentum der Ware bleiben bis zur vollständigen Bezahlung bei der Papierwerkwalz GmbH.
(4) Es handelt sich um den sogenannten Eigentumsvorbehalt. Er dient dem Schutz des Kunden bei einem möglichen Zahlungsausfall.
(5) Es handelt sich um den sogenannten Eigentumsvorbehalt. Er dient dem Schutz des Lieferanten bei einem möglichen Zahlungsausfall.

Aufgabe 6 B

Die BüKo GmbH entschließt sich, 460 Verpackungseinheiten von dem angebotenen Kopierpapier zu bestellen.

a) Ermitteln Sie den Bezugspreis pro Verpackungseinheit

b) Ermitteln Sie den Bezugspreis für die Liefermenge von 460 Verpackungseinheiten

Aufgabe 7
A

Als Mitarbeiter der Abteilung Verkauf analysieren Sie die Absatzstatistik der BüKo GmbH. Dabei fällt Ihnen auf, dass die Absatzzahlen des Konferenztisches „Konzentra" im letzten Quartal gegenüber dem vorletzten Quartal nur noch geringfügig gestiegen sind. Der Konferenztisch soll weiterhin am Markt angeboten werden. Ziel der BüKo GmbH ist eine weitere Steigerung des Absatzes des Konferenztisches „Konzentra".

Welche der folgenden Maßnahmen ist in dieser Situation zweckmäßig?

(1) *Abbau von Personal*
(2) *Umstellung des Produktionsverfahrens auf Fließbandfertigung*
(3) *Preissenkung (zeitlich befristet)*
(4) *Reduzierung der Werbeaktivitäten*
(5) *Horizontale Produktdiversifikation*

☐

Aufgabe 8
A

In der BüKo GmbH ist die Anschaffung einer neuen Produktionsmaschine erforderlich. Bei einer Diskussion um die Finanzierung der Maschine wird die Selbstfinanzierung vorgeschlagen.

Welche der folgenden Maßnahmen entspricht diesem Vorschlag?

(1) *Finanzierung über ein Bankdarlehen*
(2) *Finanzierung über einen Kredit von einem privaten Kreditvermittler*
(3) *Leasing*
(4) *Erhöhung der Kommanditeinlagen*
(5) *Verzicht auf Ausschüttung eines Teils des Gewinns*

☐

Aufgabe 9
A

Die BüKo GmbH hat das Angebot des Nürnberger Energieversorgungsunternehmens Ökostrom AG angenommen und bezieht zukünftig Strom und Gas von diesem Unternehmen. Zur Begleichung der laufenden Energierechnungen soll das Einzugsermächtigungsverfahren angewendet werden.

Welche Aussage zum Einzugsermächtigungsverfahren ist zutreffend?

(1) *Die BüKo GmbH muss ihre Bank schriftlich beauftragen, eingehende Lastschriften der Ökostrom AG einzulösen.*
(2) *Die BüKo GmbH ermächtigt die Bank der Ökostrom AG zum Einzug des jeweiligen Rechnungsbetrags.*
(3) *Auslöser des jeweiligen Zahlungsvorganges ist die BüKo GmbH.*
(4) *Die BüKo GmbH kann durch fristgerechten gerechten Widerspruch bei der eigenen Bank veranlassen, den abgebuchten Betrag zu stornieren.*
(5) *Die BüKo GmbH hat nicht das Recht, eine einmal vorgenommene Kontobelastung zu widerrufen.*

☐

Aufgabe 10
A

Die BüKo GmbH möchte die Gehälter für alle ihre Mitarbeiter durch einen einzigen Überweisungsauftrag anweisen.

Welche der folgenden Zahlungsmöglichkeiten sollte die BüKo GmbH in diesem Fall wählen?

(1) *Zahlschein*
(2) *Einzelüberweisung*
(3) *Dauerauftrag*
(4) *Sammelüberweisung*
(5) *Einzugsermächtigung*

☐

Aufgabe 11 A

Zur Finanzierung des Kaufs eines neuen Lkw erhält die BüKo GmbH einen Kredit von ihrer Hausbank. Dabei behält diese den Kfz-Brief als Kreditsicherheit ein.

Um welche Art von Kreditsicherung handelt es sich hier?

(1) Hypothek
(2) Sicherungsübereignung
(3) Grundschuld
(4) Eigentumsvorbehalt
(5) Factoring

Aufgabe 12 A

Die BüKo GmbH hat Sie beauftragt, Vorschläge zu unterbreiten, wie Umweltbelastungen zukünftig reduziert werden können. Sie schlagen unter anderem vor, die Auslieferung bestimmter Produkte zukünftig häufiger mit der Bahn durchzuführen.

Inwiefern können Sie mit diesem Vorschlag dem Umweltgedanken Rechnung tragen?

(1) Der Transport mit der Bahn verursacht einen geringeren Schadstoffausstoß als der Transport mit dem Lkw.
(2) Der Transport mit der Bahn verursacht im Gegensatz zum Lkw-Transport keinen CO_2-Ausstoß.
(3) Selbst der Transport mit dem Schiff ist nicht so umweltfreundlich wie die Bahn.
(4) Die Bahn fährt mit umweltfreundlicher Energie.
(5) Der Transport mit der Bahn erhöht die Flexibilität bei der Anlieferung.

Aufgabe 13 A

Welchen der unten stehenden Wirtschaftssektoren sind die daneben stehenden Geschäftspartner der BüKo GmbH zuzuordnen? Ordnen Sie die Ziffern richtig zu.

Sektoren	Geschäftspartner
(1) Primärer Sektor	a) Möbelhaus XYL GmbH
(2) Sekundärer Sektor	b) Spedition Redlich GmbH
(3) Tertiärer Sektor	c) Maschinenbau Meier KG

Aufgabe 14 A

Als eine von vielen absatzpolitischen Maßnahmen beschließt die BüKo GmbH, zukünftig verstärkt den Vertrieb über den Fachhandel zu probieren.

Welchem Bereich des Marketings sind diese Maßnahmen zuzuordnen?

(1) Produktpolitik
(2) Preispolitik
(3) Konditionenpolitik
(4) Kommunikationspolitik
(5) Distributionspolitik

Aufgabe 15 A

In der BüKo GmbH wird nach dem ökonomischen Prinzip gehandelt. In welchen zwei der folgenden Fälle wird nach dem Maximalprinzip gehandelt?

(1) Für das kommende Geschäftsjahr wird für Konferenzstühle der gleiche Umsatz wie im Vorjahr geplant, die Herstellkosten sollen allerdings um 15 % gesenkt werden.
(2) Für den Einkauf von Büromaterialien steht der BüKo GmbH ein bestimmtes Budget zur Verfügung. Sie versucht, dafür möglichst viel Büromaterial in bestmöglicher Qualität einzukaufen.
(3) Um den Marktanteil bei Konferenztischen in den kommenden Geschäftsjahren zu vergrößern, werden zusätzliche Mitarbeiter eingestellt.
(4) Mit einem festgelegten Werbebudget soll der Umsatz für Konferenztische maximal gesteigert werden.
(5) Jeder Außendienstmitarbeiter der BüKo GmbH soll mit einem Notebook ausgestattet werden. Durch geschickte Verhandlungen können die Notebooks zu einem Stückpreis beschafft werden, der 20 % niedriger ist, als ursprünglich eingeplant.

Aufgabe 16
B

Ordnen Sie zu, indem Sie die Kennziffern von drei der insgesamt sechs Rechtshandlungen bei den Kästchen der rechtlichen Auswirkungen eintragen.

(1) *Der fünfjährige Enkel des Geschäftsführers der BüKo GmbH kauft sich ein Spielzeug.*
(2) *Ein Kunde der BüKo GmbH bestellt bei Ihnen Ware. Seine Bestellung weicht vom vorher zugesandten Angebot ab.*
(3) *Ein Kunde der BüKo GmbH bestellt einen Schreibtisch. Er beruft sich bei seiner Bestellung auf einen Artikel aus der Fachzeitschrift „Bürodesign".*
(4) *Ein 17-jähriger Auszubildender der BüKo GmbH kauft sich bei einem Kfz-Händler ein Motorrad. Die Genehmigung der Eltern steht noch aus.*
(5) *Ein Kunde der BüKo GmbH hat in einem Kaufvertrag die Bestellnummer 143 mit der Stückzahl 13 verwechselt.*
(6) *Ein Kunde der BüKo GmbH bestellt aufgrund eines unverbindlichen Angebotes und erhält eine Auftragsbestätigung.*

Vertrag ist rechtswirksam	☐
Vertrag ist nichtig	☐
Vertrag ist anfechtbar	☐

Aufgabe 17
B

Sie sind Mitarbeiter der Abteilung Einkauf der BüKo GmbH. Aufgrund einer Anfrage über einen Artikel erhalten Sie ein entsprechendes Angebot. Sie bestellen zunächst nur einen Artikel, um ihn auf seine Tauglichkeit zu prüfen. Sie weisen darauf hin, dass Sie den Artikel innerhalb von acht Tagen zurückgeben, wenn er den Erwartungen nicht entsprechen sollte. ☐

Um welche Art von Kaufvertrag handelt es sich hier?

(1) *Spezifikationskauf*
(2) *Stückkauf*
(3) *Fixkauf*
(4) *Kauf auf Abruf*
(5) *Kauf auf Probe*

Aufgabe 18
B

Welche der folgenden Aussagen zur Rechtsform der BüKo GmbH ist zutreffend? ☐

(1) *Die Gesellschafter der BüKo GmbH haften unmittelbar und solidarisch.*
(2) *Die Gesellschafter der BüKo GmbH haften unbeschränkt und unmittelbar.*
(3) *Nicht die Gesellschafter, sondern nur der Geschäftsführer haftet unmittelbar.*
(4) *Die BüKo GmbH haftet nur mit dem Gesellschaftsvermögen.*
(5) *Die Gesellschafter der BüKo GmbH haften mit ihrer Geschäftseinlage und ihrem Privatvermögen.*

Aufgabe 19
B

Wie ist die gesetzliche Regelung zur Gewinnverteilung bei der GmbH? ☐

(1) *5 % auf die Kapitaleinlage, der Rest in angemessenem Verhältnis*
(2) *4 % auf die Kapitaleinlage, der Rest nach Köpfen*
(3) *4 % auf die Kapitaleinlage, der Rest in angemessenem Verhältnis*
(4) *Gleichmäßige Gewinnverteilung nach Köpfen*
(5) *Verteilung im Verhältnis der Geschäftsanteile*

Aufgabe 20
B

Welches Recht erwirbt ein Kaufmann im Sinne des HGB mit der Eintragung in das Handelsregister? ☐

(1) *Das Recht auf Erteilen einer Handlungsvollmacht*
(2) *Das Recht auf Erteilen einer Prokura*
(3) *Das Recht auf Eingehen von Wechselverbindlichkeiten*
(4) *Das Recht auf Abschließen von Kaufverträgen*
(5) *Das Recht auf Einstellen von Mitarbeitern*

Sachverhalt zur 21. bis 23. Aufgabe

Sachverhalt

Frau Yvonne Schneider ist 41 Jahre alt und seit dem 01.01.2013 bei der BüKo GmbH als Sachbearbeiterin in der Abteilung Einkauf beschäftigt. Am 01.03.2013 wird in der BüKo GmbH ein neuer Betriebsrat gewählt. Frau Schneider hat sich den nachstehenden Gesetzesauszug beschafft, um sich über die anstehende Betriebsratswahl zu informieren.

Erster Abschnitt: Zusammensetzung and Wahl des Betriebsrats

§ 7 Wahlberechtigung

Wahlberechtigt sind alle Arbeitnehmer des Betriebs, die das 18. Lebensjahr vollendet haben.

§ 8 Wählbarkeit

(1) Wählbar sind alle Wahlberechtigten, die sechs Monate dem Betrieb angehören oder als in Heimarbeit Beschäftigte in der Hauptsache für den Betrieb gearbeitet haben.

Aufgabe 21
C

Aus welchem Gesetz stammt dieser Auszug? ☐

(1) HGB (Handelsgesetzbuch)
(2) BGB (Bürgerliches Gesetzbuch)
(3) BetrVG (Betriebsverfassungsgesetz)
(4) BBiG (Berufsbildungsgesetz)
(5) TVG (Tarifvertragsgesetz)

Aufgabe 22
C

Ist Frau Schneider bei der Betriebsratswahl wahlberechtigt? ☐

(1) Ja, aber nur unter der Voraussetzung, dass sie auch Mitglied der Gewerkschaft ist.
(2) Ja, aber nur unter der Voraussetzung, dass die Geschäftsleitung zustimmt.
(3) Ja, da sie volljährig ist.
(4) Nein, weil sie die Altershöchstgrenze bereits überschritten hat.
(5) Nein, weil sie noch nicht lange genug bei der BüKo GmbH beschäftigt ist.

Aufgabe 23
C

Ist Frau Schneider bei der Betriebsratswahl wählbar? ☐

(1) Ja, aber nur unter der Voraussetzung, dass sie auch Mitglied der Gewerkschaft ist.
(2) Ja, aber nur unter der Voraussetzung, dass die Geschäftsleitung zustimmt.
(3) Ja, da sie volljährig ist.
(4) Nein, weil sie die Altershöchstgrenze bereits überschritten hat.
(5) Nein, weil sie noch nicht lange genug bei der BüKo GmbH beschäftigt ist.

Aufgabe 24
D

In einer politischen Talkshow empfiehlt ein Politiker, die Nachfrage im Inland anzuregen, indem die Einkommensteuer gesenkt und dadurch die verfügbaren Einkommen erhöht werden. ☐

Für welches der folgenden volkswirtschaftlichen Ziele sind dadurch negative Auswirkungen zu erwarten?

(1) Angemessenes, stetiges Wirtschaftswachstum
(2) Vollbeschäftigung
(3) Preisniveaustabilität
(4) Außenwirtschaftliches Gleichgewicht
(5) Gerechte Einkommensverteilung

Aufgabe 25
D

Die BüKo GmbH möchte für die mittelfristige Unternehmensplanung auch die allgemeine volkswirtschaftliche Entwicklung berücksichtigen.

Welche der folgenden Größen beschreibt am genauesten die Entwicklung der Wirtschaftsleistung einer Volkswirtschaft? ☐

(1) *Entwicklung der Inflationsrate*
(2) *Entwicklung der Steuereinnahmen*
(3) *Entwicklung der Importe*
(4) *Entwicklung des nominalen Wirtschaftswachstums*
(5) *Entwicklung des realen Wirtschaftswachstums*

Sachverhalt

Abbildung zu Aufgabe 26

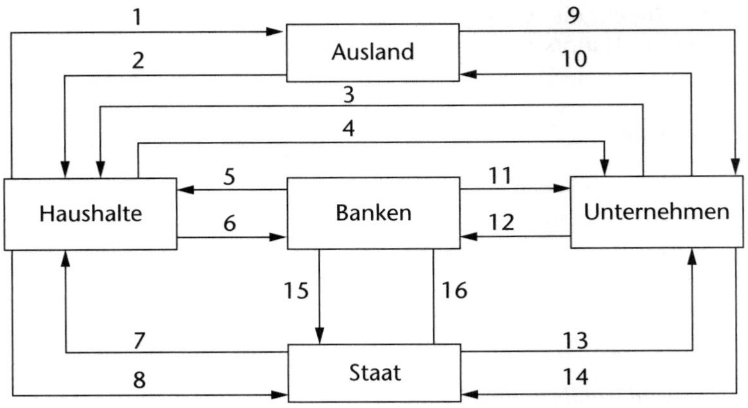

Aufgabe 26
D

Ordnen Sie den oben stehenden Zahlungsvorgängen die zugehörigen Ziffern aus der folgenden Skizze eines erweiterten Wirtschaftskreislaufes zu.

(1) *Ein deutscher Tourist zahlt seine Hotelrechnung in Österreich.* ☐

(2) *Die Stadtverwaltung gleicht die Rechnung eines Dachdeckers für Bauarbeiten an einem Hallenschwimmbad aus.* ☐

(3) *Eine Hausfrau bezahlt an der Kasse eines Supermarktes die eingekauften Artikel.* ☐

(4) *Ein Unternehmen überweist an einen Mitarbeiter sein Einkommen.* ☐

(5) *Der Landwirt erhält eine Prämie für die Stilllegung von landwirtschaftlichen Nutzflächen.* ☐

Aufgabe 27
D

Welche der folgenden Aussagen zum Thema Steuern ist zutreffend? ☐

(1) *Die Umsatzsteuerzahllast ist i. d. R. jährlich an das Finanzamt zu überweisen.*
(2) *Abschreibungen haben keinen Einfluss auf die Steuerlast eines Unternehmens.*
(3) *Eine Senkung der Umsatzsteuer führt zu einer Entlastung der Unternehmen.*
(4) *Ein Entscheidungskriterium bei der Wahl eines Unternehmensstandortes ist die Höhe der Gewerbesteuer.*
(5) *Aktiengesellschaften zahlen grundsätzlich keine Steuern.*

Aufgabe 28
D

Welche der folgenden Maßnahmen sind geeignet, die Konjunktur zu beleben?

(1) Kürzung der Sonderabschreibungen
(2) Ausweitung der Abschreibungsmöglichkeiten
(3) Erhöhung des Leitzinses durch die EZB
(4) Konsolidierung der Staatshaushalte
(5) Erhöhung der Umsatzsteuer

☐

Aufgabe 29
D

In einer Wirtschaftszeitschrift lesen Sie die Schlagzeile „Preise wieder stärker als Nettolöhne gestiegen!"

Welche der folgenden Aussagen zu dieser Situation ist zutreffend?

(1) Der Nominallohn ist stärker gestiegen als der Reallohn.
(2) Die Preise sind nicht so stark gestiegen wie der Nominallohn.
(3) Der Nominallohn ist gesunken.
(4) Der Reallohn ist gesunken.
(5) Der Reallohn ist gestiegen.

☐

Aufgabe 30
D

Ein wichtiges wirtschaftspolitisches Ziel ist die Bekämpfung der Arbeitslosigkeit. Welche der folgenden Aussagen ist zutreffend?

(1) Eine steigende Arbeitslosigkeit führt zu einer Erhöhung der Steuereinnahmen des Staates.
(2) Eine sinkende Arbeitslosigkeit führt zu niedrigeren Konsumausgaben und dämpft damit das Wirtschaftswachstum.
(3) Eine steigende Arbeitslosigkeit führt zu sinkenden Einnahmen bei den Sozialversicherungsträgern.
(4) Eine steigende Arbeitslosigkeit entlastet den Arbeitsmarkt.
(5) Eine sinkende Arbeitslosigkeit belastet den Staatshaushalt.

☐

2. Klausur

Sachverhalt

Sie sind Mitarbeiter/Mitarbeiterin in der BüKo GmbH (siehe nachfolgende Unternehmensbeschreibung).

Beschreibung des Unternehmens

Firma Geschäftszweck Geschäftssitz Registergericht	BüKo GmbH, Büroeinrichtungs- und Kommunikationssysteme Herstellung und Vertrieb von Büroeinrichtungs- und Kommunikationssystemen Ludwig-Thoma-Str. 47, 95447 Bayreuth Amtsgericht Bayreuth HR B 345-0815 USt-Id.-Nummer: DE 999666333123 Die BüKo GmbH ist Mitglied des Arbeitgeberverbandes. Der Tarifvertrag findet Anwendung.
Geschäftsjahr	1. Januar bis 31. Dezember
Bankverbindung Postbankverbindung	Sparkasse Bayreuth Konto-Nr. 123456789 BLZ 773 501 10 Postbank Nürnberg Konto-Nr. 987654321 BLZ 760 100 85
Produktprogramm (Eigene Erzeugnisse)	– Konferenztische – Konferenzstühle – Besucherstühle – Bürostühle – Regalsysteme
Dienstleistungen	– Lieferung und Montage der gelieferten Büromöbel – Entsorgung von Altmöbeln
Handelswaren	Warengruppe 1: Bürotechnik Warengruppe 2: Büroeinrichtung Warengruppe 3: Verbrauch Warengruppe 4: Organisation
Fertigungsverfahren	Einzel- und Serienfertigung
Stoffe/Vorprodukte	Rohstoffe: Holz, Furniere, Möbelbezugsstoffe, Scharniere Hilfsstoffe: Lacke, Klebstoffe, Schrauben, Nägel Betriebsstoffe: Strom, Gas, Wasser, Heizöl, Schmierstoffe Vorprodukte: Türschlösser, Türknöpfe Energie: Strom, Gas
Mitarbeiter	Angestellte 42 Arbeiter 90 Auszubildende 14
Bilanzsumme	ca. 20 Mio. EUR
Umsatz	ca. 100 Mio. EUR

Sachverhalt

Sachverhalt zur 1. bis 5. Aufgabe

Der BüKo GmbH liegt eine Bestellung des Einrichtungshauses Neumann GmbH vor. Die Neumann GmbH bestellte am 05.05. d. J. verbindlich 60 Regalsysteme „Flexa“ in Buche als Sonderausfertigung. Sie benötigt die Regalsysteme bis zum 23.05. d. J.

Aufgrund der hohen Kapazitätsauslastung muss die BüKo GmbH die Regalsysteme am 20.05. und 21.05. d. J. in zusätzlichen Sonderschichten produzieren. Die Regalsysteme sollen am 22.05. an die Neumann GmbH ausgeliefert werden.

Sie sind als Mitarbeiter/-in der Abteilung Einkauf für die rechtzeitige Beschaffung der für die Produktion benötigten Rohstoffe zuständig und haben bezüglich des benötigten Buchenholzes Anfragen an verschiedene Lieferanten gesendet. Sie erhalten daraufhin u. a. ein Angebot des in St. Gallen ansässigen Schweizer Holzlieferanten Büchli AG.

Aufgabe 1
B

In dem Angebot der Büchli AG finden sich die folgenden fünf Formulierungen. Durch welche Formulierung ist die Bindung der Büchli AG an ihr Angebot eingeschränkt? ☐

(1) *„Lieferung ab Bahnhof hier"*
(2) *„Preis freibleibend; es gilt der Tagespreis am Tag der Lieferung"*
(3) *„2 % Skonto innerhalb von 8 Tagen, Zahlungsziel 30 Tage"*
(4) *„Das Holz bleibt bis zur vollständigen Bezahlung Eigentum der Büchli AG."*
(5) *„Gerichtsstand für beide Vertragspartner ist St. Gallen."*

Aufgabe 2
B

Welche der folgenden Aussagen zu der Geschäftsbeziehung zwischen der BüKo GmbH und der Büchli AG ist zutreffend? ☐

(1) *Der Erfüllungsort für die Zahlung ist Bayreuth.*
(2) *Der Erfüllungsort für die Lieferung ist Bayreuth.*
(3) *Der Erfüllungsort für die Lieferung ist St. Gallen.*
(4) *Das Transportrisiko ab der Bahnstation St. Gallen wird von der Büchli AG getragen.*
(5) *Der Gefahrenübergang ist am Werksgelände der BüKo GmbH.*

Aufgabe 3
B

In dem Angebot der Büchli AG vom 15.04. findet sich bezüglich der Lieferzeit die Formulierung „Wir liefern am 09.05. d. J.". Am 05.05. erhält die BüKo GmbH die Mitteilung der Büchli AG, dass diese aufgrund eines Maschinenschadens voraussichtlich nicht bis zum 09.05. liefern kann. Welche der folgenden Rechte könnte die BüKo GmbH mit Ablauf des 09.05. geltend machen, wenn die Lieferung ausbleibt? ☐

(1) *Die BüKo GmbH kann eine Kürzung des Rechnungsbetrages verlangen.*
(2) *Die BüKo GmbH kann eine Verlängerung des Zahlungsziels verlangen.*
(3) *Die BüKo GmbH kann bei einer Lieferung nach dem 09.05. den Rechnungsbetrag um 2 % pro Werktag kürzen.*
(4) *Die BüKo GmbH kann ohne Nachfrist sofort vom Kaufvertrag zurücktreten.*
(5) *Die BüKo GmbH kann eine Lieferung frei Haus verlangen.*

Aufgabe 4
B

Die Lieferung der Büchli AG ist doch noch rechtzeitig am 09.05. eingetroffen. Der Tagespreis für das Buchenholz beträgt 145,00 CHF je m^3. Für die bestellten 20 m^3 Buchenholz fallen für den Schienentransport 1,45 EUR/km (Transportstrecke: 435 km) und den Straßentransport 2,30 EUR/km (Transportstrecke: 9 km) an. (Wechselkurs: 1 EUR = 1,10892 CHF)

(a) *Ermitteln Sie die gesamten Bezugskosten für die gelieferte Holzmenge von 20 m^3 (in CHF).* ☐

(b) *Ermitteln Sie die gesamten Bezugskosten für die gelieferte Holzmenge von 20 m^3 (in EUR).* ☐

(c) *Ermitteln Sie den Warenwert je m^3 (in EUR).* ☐

(d) *Ermitteln Sie die Bezugskosten je m^3 (in EUR).* ☐

(e) *Ermitteln Sie den Bezugspreis je m^3 (in EUR).* ☐

Aufgabe 5
B

Im Angebot der Büchli AG befindet sich die Formulierung „Das Holz bleibt bis zur vollständigen Bezahlung Eigentum der Büchli AG". Welche der folgenden Aussagen über die zitierte Vertragsformulierung ist zutreffend?

(1) *Eine solche Formulierung ist bei Geschäften mit vereinbarten Zahlungszielen nicht zulässig.*
(2) *Eine solche Formulierung bewirkt, dass die BüKo GmbH nach Erhalt der Lieferung zwar Eigentümer, aber nicht Besitzer des Buchenholzes ist (Eigentumsvorbehalt).*
(3) *Eine solche Formulierung bewirkt, dass die BüKo GmbH nach Erhalt der Lieferung zwar Besitzer, aber nicht Eigentümer des Buchenholzes ist (Eigentumsvorbehalt).*
(4) *Eine solche Formulierung muss nicht ausdrücklich fixiert werden, da sie ohnehin Bestandteil jeden Kaufvertrags ist.*
(5) *Eine solche Formulierung darf nur Bestandteil der Allgemeinen Geschäftsbedingungen sein.*

Aufgabe 6
A

Welches der folgenden Güter auf dem Betriebsgelände der BüKo GmbH ist sowohl ein Produktionsgut als auch ein Gebrauchsgut?

(1) *Kopierpapier*
(2) *Firmen-Pkw*
(3) *Privat-Pkw eines Mitarbeiters*
(4) *Reinigungsmittel für das Büro*
(5) *Büroklammern*

Aufgabe 7
A

Welcher der folgenden Begriffe beschreibt den Ersatz des Produktionsfaktors „Arbeit" durch den Produktionsfaktor „Kapital"?

(1) *Kostenminimierung*
(2) *Gewinnmaximierung*
(3) *Optimale Kapazitätsauslastung*
(4) *Faktorsubstitution*
(5) *Faktorkombination*

Aufgabe 8
A

Durch welche der folgenden Maßnahmen kann die BüKo GmbH eine Steigerung ihrer Arbeitsproduktivität erreichen?

(1) *Einführung einer zusätzlichen Nachtschicht*
(2) *Mehrarbeit in Form von Überstunden*
(3) *Erhöhung der Löhne bei proportionaler Erhöhung der Arbeitszeit*
(4) *Reduktion des Produktionsvolumens durch Verkürzung der Arbeitszeit*
(5) *Erhöhung der Produktionsmenge je geleistete Arbeitsstunde*

Aufgabe 9
A

Die BüKo GmbH plant, einen neuen Konferenztisch am Markt anzubieten. Mithilfe der Marktforschung wurde das Nachfrageverhalten potenzieller Kunden untersucht. Die Marktanalyse zeigt folgendes Ergebnis:

Interessent	Nachfragemenge (in Stück)	Preis (EUR/Stück)
A	560	1.200
B	480	1.100
C	400	1.000
D	320	900

Die BüKo GmbH entschließt sich, den Konferenztisch zu einem Preis von 1.100 EUR/Stück anzubieten. Ermitteln Sie,

(a) *wie viel Stück die BüKo GmbH zu einem Preis von 1.100 EUR/Stück insgesamt verkaufen könnte.*

(b) *welchen Umsatz die BüKo GmbH bei einem Preis von 1.100 EUR/Stück insgesamt erzielen würde.*

Wie wird der Preis eines Produkts von Angebot und Nachfrage beeinflusst? ☐ *Aufgabe 10 A*

(1) Eine sinkende Nachfrage führt bei sinkendem Angebot zu einem sinkenden Preis.
(2) Ein sinkendes Angebot führt bei gleichbleibender Nachfrage zu einem gleichbleibenden Preis.
(3) Eine sinkende Nachfrage führt bei gleichbleibendem Angebot zu einem sinkenden Preis.
(4) Eine steigende Nachfrage führt bei steigendem Angebot zu einem steigenden Preis.
(5) Eine steigende Nachfrage führt bei sinkendem Angebot zu einem gleichbleibenden Preis.

Im Wirtschaftskreislauf wird zwischen Geldströmen und Güterströmen unterschieden. Welches der folgenden Beispiele stellt einen Geldstrom dar. ☐ *Aufgabe 11 A*

(1) Die BüKo GmbH nimmt eine Warenlieferung von Bürostühlen nicht an, da es sich um eine Falschlieferung handelt.
(2) Die BüKo GmbH reklamiert Mängel von gelieferten Bürostühlen.
(3) Die BüKo GmbH nimmt eine Warenlieferung mit Bürostühlen an.
(4) Die BüKo GmbH überweist eine offene Rechnung für gelieferte Bürostühle unter Abzug von Skonto.
(5) Ein Außendienstmitarbeiter der BüKo GmbH rät einem Kunden zum Kauf eines bestimmten Bürostuhls.

Sachverhalt zur 12. bis 14. Aufgabe *Sachverhalt*

Die BüKo GmbH plant, eine Lagerhalle zu bauen, um zukünftig nicht mehr auf Fremdlagerung angewiesen zu sein. Mit dem Bauunternehmer wurde ein Festpreis von 150.000 EUR vereinbart.

Zur Finanzierung der Lagerhalle bringt die BüKo GmbH Eigenkapital in Höhe von 60.000,00 EUR auf. Der Restbetrag in Höhe von 90.000 EUR wird mit der Aufnahme eines Darlehens bei der Stadtsparkasse Bayreuth zu folgenden Bedingungen finanziert:
Zinsen: 3,8 % p.a. (30/360), zahlbar halbjährlich
Tilgung: 2,0 % p.a., zahlbar halbjährlich
Wie hoch ist die erste halbjährliche Rate (Zins + Tilgung) der BüKo GmbH? ☐ *Aufgabe 12 A*

Das Darlehen für den Bau der Lagerhalle wird mit einer Grundschuld gesichert. Welche Aussage zur Grundschuld ist zutreffend? ☐ *Aufgabe 13 A*

(1) Die Grundschuld ist beim Amtsgericht Bayreuth zu melden.
(2) Eine Grundschuld kann nur für eine juristische Person eingetragen werden.
(3) Die Grundschuld belastet das Vermögen der BüKo GmbH.
(4) Die Grundschuld muss ins Grundbuch eingetragen werden.
(5) Die Grundschuld muss in das Handelsregister eingetragen werden.

Bei jeder Investition eines Unternehmens stellt sich die Frage, ob sich diese Maßnahme „rentiert" hat. Welche der folgenden Aussagen zum Begriff „Rentabilität" ist zutreffend? ☐ *Aufgabe 14 A*

(1) Unter Rentabilität versteht man den Ressourceneinsatz, der zum größtmöglichen Umsatz führt.
(2) Untere Rentabilität versteht man den Gewinn, der nach Abzug aller Kosten und Steuern im Unternehmen verbleibt.
(3) Unter Rentabilität versteht man den Gewinn, der vor Abzug der Steuern im Unternehmen verbleibt.
(4) Unter Rentabilität versteht man den Gewinn, der mit den minimalsten Kosten erwirtschaftet wurde.
(5) Unter Rentabilität versteht man das Verhältnis zwischen dem eingesetzten Kapital und dem dadurch erzielten Gewinn.

Die BüKo GmbH will sich über einen potentiellen Lieferanten informieren, indem sie das Handelsregister einsieht. Welcher der folgenden Lieferanten ist in der Abteilung B des Handelsregisters eingetragen? ☐ *Aufgabe 15 B*

(1) Max Abraham e. K.
(2) Bertram Bürotechnik KG
(3) Delius & Partner OHG
(4) Ehlers Möbelunion GmbH
(5) Rechtsanwälte Dr. Erk & Partner

Aufgabe 16
B

Was versteht das HGB unter dem Begriff „Firma"?

(1) Einen kaufmännischen Betrieb.
(2) Den Geschäftsnamen eines Kaufmanns, unter dem er im Handel seine Geschäfte betreibt.
(3) Den bürgerlichen Namen eines Kleingewerbetreibenden, unter dem er sein Handelsgewerbe betreibt.
(4) Den Namen des stillen Gesellschafters.
(5) Eine Unternehmung, die nach Art und Umfang keinen in kaufmännischer Weise eingerichteten Geschäftsbetrieb erfordert.

Aufgabe 17
B

Bei der Firmierung gibt es eine Reihe von Grundsätzen zu beachten. Welche Aussage über den Grundsatz der Firmenausschließlichkeit ist richtig?

(1) Die Firma darf ausschließlich nur an einem Ort tätig werden.
(2) Die Firma darf nicht veräußert werden.
(3) Die Firma muss sich eindeutig von anderen am gleichen Ort unterscheiden.
(4) Die Firma muss wahr und klar sein.
(5) Die Firma darf nicht geändert werden.

Aufgabe 18
B

Die BüKo GmbH erwägt die Aufnahme einer Geschäftsbeziehung mit der Sterntal GmbH & Co. KG. Welche Aussage über die rechtliche Konstruktion der GmbH & Co. KG ist richtig?

(1) Einziger Kommanditist der GmbH & Co. KG ist eine GmbH.
(2) Einer der Kommanditisten der GmbH & Co. KG ist eine GmbH.
(3) Einer der Komplementäre der GmbH & Co. KG ist eine GmbH.
(4) Einziger Komplementär der GmbH & Co. KG ist eine GmbH.
(5) Die GmbH & Co. KG besitzt keine eigene Rechtspersönlichkeit.

Aufgabe 19
B

Die BüKo GmbH schließt im Rahmen ihrer Geschäftsbeziehungen vielfältige Arten von Verträgen ab.

Welcher der folgenden Verträge wurde in den daneben stehenden Fällen abgeschlossen?

(1) Arbeitsvertrag
(2) Dienstvertrag
(3) Werkvertrag
(4) Leasingvertrag
(5) Pachtvertrag
(6) Mietvertrag
(7) Leihvertrag

Fälle:
(a) Die BüKo GmbH hat das Autohaus Körber GmbH mit der Reparatur der defekten Lichtmaschine eines Firmen-Pkws beauftragt.
(b) Die BüKo GmbH nutzt gegen Entgelt ein benachbartes Grundstück als gebührenpflichtigen Parkplatz.
(c) Die BüKo GmbH nutzt für eine Geschäftsreise einen Pkw des Autohauses Körper GmbH gegen Entgelt.

Aufgabe 20
B

Sie werden beauftragt, eine Reihe von Geschäftsfällen der BüKo GmbH auf die Rechtswirksamkeit hin zu überprüfen. In welchem der folgenden Fälle ist das Rechtsgeschäft anfechtbar?

(1) Der Rechnungsbetrag für den Kundendienst bei einem Firmen-Pkw der BüKo GmbH ist 5 % höher als im Kostenvoranschlag vorgesehen.
(2) Die BüKo GmbH hat bei einem Kfz-Händler einen gebrauchten Lieferwagen gekauft. Im Kaufvertrag wird der Tachostand mit 85.000 km angegeben. Es stellt sich heraus, dass die bisherige Fahrleistung des Lieferwagens mindestens 185.000 km beträgt.
(3) Ein Kunde der BüKo GmbH hat trotz dreifacher schriftlicher Mahnung seine offene Rechnung für die ordnungsgemäße Lieferung eines Schreibtisches nicht bezahlt.
(4) Die BüKo GmbH hat Holz von der Holzhandel Maier KG Holz bestellt, das zum 28. März geliefert werden sollte. Die Holzhandel Maier KG kann das Holz jedoch erst einen Tag später als vereinbart liefern.
(5) Die BüKo GmbH hat vor sechs Wochen eine neue Maschine für die Fertigung gekauft. Mittlerweile hat sich herausgestellt, dass die Maschine die versprochene Produktionsleistung nicht erbringt.

Ordnen Sie zu, indem Sie die eingerahmten Kennziffern von drei der insgesamt sechs Steuerklassen in die Kästchen bei den Arbeitsverhältnissen eintragen.

Aufgabe 21
C

Steuerklasse:
(1) Steuerklasse I
(2) Steuerklasse II
(3) Steuerklasse III
(4) Steuerklasse IV
(5) Steuerklasse V
(6) Steuerklasse VI

Arbeitsverhältnis:
(a) Ledige, geschiedene und verwitwete Arbeitnehmer ohne Kind ☐

(b) Verheiratete Arbeitnehmer mit einem Arbeitsverhältnis, wenn der Ehegatte keinen Arbeitslohn bezieht ☐

(c) Für jedes zweite und weitere, gleichzeitig bestehende Dienstverhältnisse des Arbeitnehmers ☐

Welche Tatbestände bzw. Merkmale werden bei der Berechnung des monatlichen Lohnsteuerabzuges berücksichtigt? ☐

Aufgabe 22
C

(1) Die Beiträge und sonstigen Abgaben an die Sozialversicherungsträger.
(2) Die Höhe des Nettoeinkommens.
(3) Die Dauer der Betriebszugehörigkeit.
(4) Der Familienstand und die Höhe des Einkommens.
(5) Die Stellung im Betrieb und Unternehmen in ausführender oder leitender Funktion.

Welche der folgenden Abgaben wird vom Arbeitnehmer allein getragen? ☐

Aufgabe 23
C

(1) Arbeitslosenversicherungsbeitrag
(2) Rentenversicherungsbeitrag
(3) Lohnsteuer
(4) Beitrag zur gesetzlichen Krankenkasse
(5) Unfallversicherungsbeitrag

Mit welcher Maßnahme kann der Staat eine Verringerung der Preissteigerungsrate bewirken? ☐

Aufgabe 24
D

(1) Senkung der Einkommenssteuer
(2) Anpassung der Renten an die allgemeine Lohnentwicklung
(3) Ausgabe von Staatsanleihen
(4) Erhöhung der Umsatzsteuer
(5) Erhöhung der öffentlichen Ausgaben

Welche Auswirkungen kann eine Aufwertung des Euro haben? ☐

Aufgabe 25
D

(1) Die Arbeitsplätze in Deutschland werden sicherer.
(2) Deutsche Waren werden im außereuropäischen Ausland teurer.
(3) Deutsche Waren werden im außereuropäischen Ausland billiger.
(4) Ausländische Waren werden im Inland teurer.
(5) Die internationale Wettbewerbsfähigkeit der deutschen Wirtschaft wird gestärkt.

Aufgabe 26
D

Im „magischen Viereck“ werden die konjunkturpolitischen Zielsetzungen einer Volkswirtschaft beschrieben. Welche der folgenden Zielsetzungen ist noch nicht enthalten?

(1) Angemessenes, stetiges Wirtschaftswachstum
(2) Vollbeschäftigung
(3) Lebenswerte Umwelt
(4) Außenwirtschaftliches Gleichgewicht
(5) Preisniveaustabilität

Aufgabe 27
D

Die Geldpolitik der Europäischen Union ist zunächst auf die Stabilität der Währung ausgerichtet, hat aber auch konjunkturpolitische Aspekte im Blick.

Welche der folgenden Auswirkungen auf die Konjunktur ist durch die Senkung des Leitzinses beabsichtigt?

(1) Die steigende Inflation soll gesenkt werden.
(2) Die Stabilität der Währung soll gesichert werden.
(3) Die Sparneigung soll erhöht werden.
(4) Die Investitionsneigung soll erhöht werden.
(5) Der Wechselkurs des Euro zum Dollar soll steigen.

Aufgabe 28
D

Welche Aussage zum Begriff „importierte Inflation“ ist richtig?

(1) Importierte Inflation entsteht durch Höchst- und Festpreisfestsetzungen der Bundesregierung.
(2) Importierte Inflation entsteht, wenn Preissteigerungen sehr langsam – über Jahre hinweg – verlaufen.
(3) Importierte Inflation entsteht durch steigende Nachfrage der privaten Haushalte einer Volkswirtschaft.
(4) Importierte Inflation entsteht durch die Aufwertung des Euro.
(5) Importierte Inflation entsteht, wenn bei festen Wechselkursen die Nachfrage des Auslandes so stark ist, dass das inländische Preisniveau ansteigt.

Aufgabe 29
D

Wodurch kann eine Rezession ausgelöst werden?

(1) Durch eine kurzfristige Nachfrageerhöhung kommt es zu Lieferschwierigkeiten, die Preise steigen.
(2) Die Nachfrage nach Krediten für Investitionen ist gering, die Investitionen gehen zurück.
(3) Die Produktionskapazitäten sind voll ausgelastet. Die Produzenten investieren bei niedrigen Zinsen.
(4) Neue Technologien führen zu niedrigeren Preisen. Die Güternachfrage nimmt dadurch zu.
(5) Ein zu großer Teil des verfügbaren Einkommens wird für Konsumausgaben gebraucht.

Aufgabe 30
D

Die Bundesregierung will eine langsam beginnende Aufschwungphase durch Steuervergünstigungen verstärken. Welcher Sachverhalt wirkt dieser Maßnahme entgegen?

(1) Die Haushalte sparen das zusätzliche Einkommen.
(2) Die Zinsen für Kredite sinken.
(3) Der Staat erhöht seine Investitionen.
(4) Die Unternehmen erhöhen ihre Investitionen.
(5) Die Haushalte konsumieren mehr Güter.

Sie sind Mitarbeiter/Mitarbeiterin in der BüKo GmbH (siehe nachfolgende Unternehmensbeschreibung).

Sachverhalt

Beschreibung des Unternehmens

Firma Geschäftszweck Geschäftssitz Registergericht	BüKo GmbH, Büroeinrichtungs- und Kommunikationssysteme Herstellung und Vertrieb von Büroeinrichtungs- und Kommunikationssystemen Ludwig-Thoma-Str. 47, 95447 Bayreuth Amtsgericht Bayreuth HR B 345-0815 USt-Id.-Nummer: DE 999666333123 Die BüKo GmbH ist Mitglied des Arbeitgeberverbandes. Der Tarifvertrag findet Anwendung.
Geschäftsjahr	1. Januar bis 31. Dezember
Bankverbindung Postbankverbindung	Sparkasse Bayreuth Konto-Nr. 123456789 BLZ 773 501 10 Postbank Nürnberg Konto-Nr. 987654321 BLZ 760 100 85
Produktprogramm (Eigene Erzeugnisse)	– Konferenztische – Konferenzstühle – Besucherstühle – Bürostühle – Regalsysteme
Dienstleistungen	– Lieferung und Montage der gelieferten Büromöbel – Entsorgung von Altmöbeln
Handelswaren	Warengruppe 1: Bürotechnik Warengruppe 2: Büroeinrichtung Warengruppe 3: Verbrauch Warengruppe 4: Organisation
Fertigungsverfahren	Einzel- und Serienfertigung
Stoffe/Vorprodukte	Rohstoffe: Holz, Furniere, Möbelbezugsstoffe, Scharniere Hilfsstoffe: Lacke, Klebstoffe, Schrauben, Nägel Betriebsstoffe: Strom, Gas, Wasser, Heizöl, Schmierstoffe Vorprodukte: Türschlösser, Türknöpfe Energie: Strom, Gas
Mitarbeiter	Angestellte 42 Arbeiter 90 Auszubildende 14
Bilanzsumme	ca. 20 Mio. EUR
Umsatz	ca. 100 Mio. EUR

Sachverhalt zur 1. bis 4. Aufgabe:

Sachverhalt

Als Mitarbeiter/Mitarbeiterin der BüKo GmbH haben Sie Kontakt zu einem potenziellen neuen Lieferanten von Bürostühlen aufgenommen, der Comfort KG in Dresden. Ein Produktverzeichnis sowie die Allgemeinen Geschäftsbedingungen (AGB) des Unternehmens liegen Ihnen bereits vor. Zu Vertragsverhandlungen und für einen eventuellen Vertragsabschluss haben Sie einen Termin mit dem zuständigen Außendienstmitarbeiter der Comfort KG, Herrn Winfried Hübner.

Auszug aus den AGB der Comfort KG:

1. *Allgemeines: Für Lieferungen und Leistungen gegenüber Unternehmen gelten ausschließlich die nachfolgenden Bedingungen.*
   ...

2. Vertragsabschluss: Unsere Angebote sind grundsätzlich freibleibend. Abweichungen, Nebenabreden und mündliche Vereinbarungen sowie Vereinbarungen mit unseren Handlungsreisenden, Handelsvertretern oder sonstigen Beauftragten bedürfen zu ihrer Wirksamkeit der schriftlichen Bestätigung durch uns.

...

8. Erfüllungsort und Gerichtsstand für beide Teile ist Dresden.

Aufgabe 1
B

Um sich über die Eigentums- und Haftungsverhältnisse des vielleicht zukünftigen Lieferers Comfort KG zu informieren, haben Sie sich einen Handelsregisterauszug besorgt. Geben Sie an, wo das Handelsregister offiziell geführt wird.

☐

(1) Beim Amtsgericht Dresden
(2) Beim Landgericht Dresden
(3) Bei der zuständigen Gewerbeaufsichtsbehörde
(4) Bei der Industrie- und Handelskammer Dresden
(5) Beim Arbeitgeberverband

Aufgabe 2
B

Sie möchten weitere Einzelheiten über die rechtlichen und wirtschaftlichen Verhältnisse des potentiellen neuen Lieferanten in Erfahrung bringen. Welche Information können Sie dem Handelsregisterauszug über die Comfort KG entnehmen?

☐

(1) Die Anzahl der Beschäftigten der Comfort KG.
(2) Den Umsatz der Comfort KG im letzten oder vorletzten Geschäftsjahr.
(3) Die Art der Handlungsvollmacht des Außendienstmitarbeiters Herrn Hübner.
(4) Die Bilanz und die GuV-Rechnung des letzten oder vorletzten Geschäftsjahres.
(5) Die Vertretung der Gesellschaft nach außen, also gegenüber Dritten.

Aufgabe 3
B

Beurteilen Sie, wie sich die obige AGB-Klausel über den Erfüllungsort und den Gerichtsstand auf die BüKo GmbH auswirkt, wenn es zum Vertragsabschluss kommen sollte.

☐

(1) Ob Dresden durch die Klausel tatsächlich der Gerichtsstand ist, hängt im Streitfall von der Auslastung des angerufenen Gerichts ab.
(2) Für die Geldschuld der BüKo GmbH wirkt sich die Klausel über den Erfüllungsort nicht anders aus als bei der gesetzlichen Regelung.
(3) Die Vereinbarung über den Gerichtsstand wäre unwirksam, weil der Gerichtsstand vertraglich nicht anders als gesetzlich vorgesehen geregelt werden kann.
(4) Aus der Regelung lässt sich ableiten, wer das Risiko des Warentransports trägt.
(5) Die Klausel ist nichtig, da Erfüllungsort und Gerichtsstand nicht am selben Ort sein dürfen.

Aufgabe 4
B

Sie haben sich mit Herrn Hübner auf die Lieferung von 100 Bürostühlen des Typs „Comfort Business Talk" geeinigt und alle wesentlichen Einzelheiten einschließlich der AGB seines Unternehmens schriftlich fixiert. Beurteilen Sie die Rechtslage, die Sie damit geschaffen haben.

☐

(1) Sie haben für die BüKo GmbH eine verbindliche Bestellung vorgenommen.
(2) Die Willenserklärungen von Herrn Hübner und von Ihnen sind rechtlich zunächst unverbindlich.
(3) Erst wenn die BüKo GmbH eine Auftragsbestätigung erhalten hat, ist ein rechtswirksamer Kaufvertrag zustande gekommen.
(4) Es liegt ein zweiseitiger Handelskauf vor, für den das BGB keine Relevanz hat.
(5) Wegen des erstmaligen Geschäftskontaktes handelt es sich um einen Kauf nach Probe.

Aufgabe 5
A

Als eine von vielen absatzpolitischen Maßnahmen beschließt die BüKo GmbH, zukünftig den örtlichen Sportverein finanziell zu unterstützen.

☐

Welchem Marketing-Bereich ist diese Maßnahme zuzuordnen?

(1) Produktpolitik
(2) Preispolitik
(3) Konditionenpolitik
(4) Kommunikationspolitik
(5) Distributionspolitik

Aufgabe 6 A

In welchem Fall handelt die BüKo GmbH nach dem Minimalprinzip? ☐

(1) Eine Mitarbeiterin der Abteilung Einkauf der BüKo GmbH bestellt 50 Besprechungsstühle beim preisgünstigsten Lieferanten, den sie durch einen Angebotsvergleich ermittelt hat.
(2) Eine Mitarbeiterin der Abteilung Einkauf der BüKo GmbH bestellt die qualitativ hochwertigsten Besprechungsstühle. Da das Einkaufsbudget nicht für 50 Stühle ausreicht, bestellt sie nur 30.
(3) Die BüKo GmbH mietet zusätzlichen Lagerraum an, um durch größere Abnahmemengen günstigere Konditionen erzielen zu können und unabhängiger von Lieferanten zu werden.
(4) Die BüKo GmbH stellt zwei neue Außendienstmitarbeiter ein, um den Absatz zu steigern.
(5) Die BüKo GmbH veranstaltet einen Betriebsausflug, um dadurch die Motivation der Mitarbeiter zu erhöhen.

Aufgabe 7 A

Was lässt sich aus dem vorliegenden Angebots-Nachfrage Diagramm im Punkt X ablesen? ☐

(1) Die Gleichgewichtsmenge
(2) Die angebotene Menge
(3) Die nachfragte Menge
(4) Der Mindestpreis
(5) Der Gleichgewichtspreis

Sachverhalt

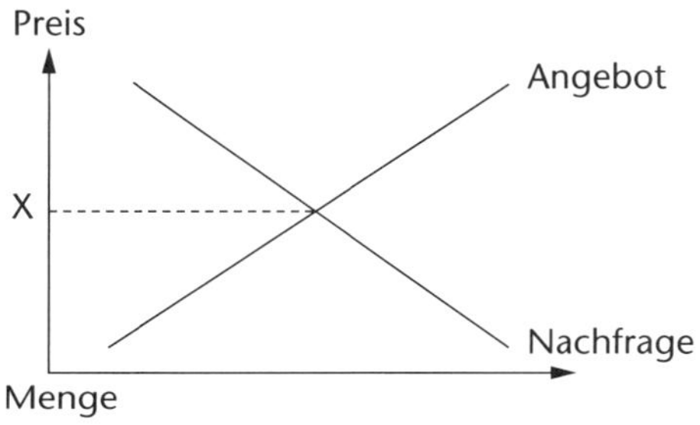

Aufgabe 8 A

Ordnen Sie zu, indem Sie die Kennziffern von drei der insgesamt acht Tätigkeiten in die Kästchen neben die Wirtschaftssektoren eintragen.

(1) Die Rentenversicherung zahlt Rente.
(2) Eine Bank finanziert einen Hauskauf.
(3) Ein Arzt überweist seinen Patienten in ein Krankenhaus.
(4) Ein Hochseeschiff fängt Heringe.
(5) Ein Konditor backt eine Schwarzwälder Kirschtorte.
(6) Ein Kunde zahlt im Einzelhandelsgeschäft.

Wirtschaftssektor	
Primärer Sektor	☐
Sekundärer Sektor	☐
Tertiärer Sektor	☐

Aufgabe 9 A

Was versteht man unter einem Konsumgut? ☐

(1) Alle Güter, die bei deren Nutzung verbraucht werden, z. B. Lebensmittel oder Getränke.
(2) Alle Güter, die man dauerhaft nutzt, z. B. Küchenmaschinen oder Möbel.
(3) Alle Güter, die von jedermann käuflich erworben werden können.
(4) Alle Güter, die vom Endkonsumenten gebraucht oder verbraucht werden.
(5) Alle Güter, die der Kunde im Lebensmitteleinzelhandel kauft.

Sachverhalt

Sachverhalt zur 10. bis 12. Aufgabe

Die BüKo GmbH bietet unter anderem den Besprechungsstuhl „Effekta" an. Mit diesem Produkt steht sie im unmittelbaren Wettbewerb mit den Mitkonkurrenten Meier OHG, Hausmann KG und Hofmann GmbH, die ein sehr ähnliches Produkt anbieten. Die gesamte Aufnahmefähigkeit des Marktes beträgt für dieses Produkt 2.000 Stück pro Geschäftsjahr.
Für den Besprechungsstuhl „Effekta" liegen folgende Daten für das abgelaufene Geschäftsjahr vor:

Unternehmen	Absatz (in Stück)	Umsatz (in EUR)
Meier OHG	600	117.000
Hausmann KG	400	88.000
Hofmann GmbH	200	48.000
BüKo GmbH	500	100.000

Aufgabe 10
A

Ermitteln Sie den Sättigungsgrad des Marktes im abgelaufenen Geschäftsjahr in Prozent.

Aufgabe 11
A

Ermitteln Sie den durchschnittlichen Verkaufspreis der vier Anbieter (gewogener Durchschnitt).

Aufgabe 12
A

Ermitteln Sie, um wie viel Prozent der Verkaufspreis der BüKo GmbH niedriger war als der in Aufgabe 11 ermittelte durchschnittliche Verkaufspreis (auf zwei Nachkommastellen gerundet).

Aufgabe 13
A

Was versteht man unter dem erwerbswirtschaftlichen Prinzip?

(1) Nutzenmaximierung des Individuums
(2) Einnahmenmaximierung des Staates
(3) Gewinnmaximierung der privaten Unternehmen
(4) Produktionsmengenmaximierung der privaten Unternehmen
(5) Kostenminimierung der privaten Haushalte

Aufgabe 14
B

Als Mitarbeiter/in der Abteilung Einkauf der BüKo GmbH haben Sie – als Reaktion auf eine entsprechende Anfrage – am 7. März d. J. erstmals von der Schneider & Söhne OHG per Briefpost ein Angebot über 50 Aktenvernichter erhalten. Am 11. März haben Sie die 50 Aktenvernichter entsprechend dem Angebot per Briefpost bestellt. Am 12. März geht ein Fax der Schneider & Söhne OHG ein, in dem sie ihr Angebot widerruft.
Welche der folgenden Aussagen beschreibt die Rechtslage zutreffend?

(1) Der Widerruf der Schneider & Söhne OHG ist wirksam, da er noch rechtzeitig vor dem Eingang der Bestellung erfolgt ist.
(2) Der Widerruf der Schneider & Söhne OHG ist unwirksam, da er nur per Briefpost bis zum 10. März hätte erfolgen müssen.
(3) Der Widerruf der Schneider & Söhne OHG ist unwirksam, da er spätestens mit dem Angebotseingang am 7. März bei der BüKo GmbH hätte eintreffen müssen.
(4) Der Widerruf der Schneider & Söhne OHG ist unwirksam, da er bis zum 11. März in der BüKo GmbH hätte eintreffen müssen.
(5) Der Widerruf der Schneider & Söhne OHG ist unwirksam, da er erst ab dem 12. März, also nach Eingang der Bestellung, bei der BüKo GmbH hätte eintreffen dürfen.

Sachverhalt

Sachverhalt zur 15. bis 17. Aufgabe

Zwei ehemalige Auszubildende der BüKo GmbH, Alexander Herd und Tobias Rodler, planen, sich selbstständig zu machen. Sie wollen ein Unternehmen gründen, das andere Unternehmen im Hinblick auf ihre EDV-Organisation berät und deren Netzwerke betreut.

Alexander Herd will als Gesellschafter eine Bareinlage von 35.000 EUR leisten und ist bereit, mit seinem Privatvermögen für Verbindlichkeiten des Unternehmens unbeschränkt zu haften. Tobias Rodler will als Gesellschafter 25.000 EUR in das Unternehmen einbringen, er will allerdings über diese Einlage hinaus nicht mit seinem Privatvermögen haften.

Aufgabe 15
B

Welche der folgenden Rechtsformen müssen Alexander Herd und Tobias Rodler in diesem Fall wählen?

(1) Genossenschaft
(2) GbR
(3) OHG
(4) KG
(5) GmbH

Aufgabe 16
B

Alexander Herr und Tobias Rodler wollen als zusätzliches Entscheidungskriterium für die Wahl der Rechtsform ihres Unternehmens auch noch die Regelungen zur Gewinnverteilung heranziehen. Ordnen Sie zu, welche der folgenden Formeln der Gewinnverteilung für die nachstehenden Rechtsformen gelten.

(1) Verteilung des Gewinns im Verhältnis der Stammeinlagen
(2) 4 % Verzinsung des Kapitalanteils, Verteilung des Restbetrages nach Köpfen
(3) 4 % Verzinsung des Kapitalanteils, Verteilung des Restbetrages im angemessenen Verhältnis
(4) keine der aufgeführten Regelungen

a) GbR
b) AG
c) OHG
d) KG
e) GmbH

Aufgabe 17
B

Angenommen Alexander Herd und Tobias Rodler entscheiden sich, eine OHG zu gründen und diese OHG ist nach einigen Jahren zahlungsunfähig und muss ein Insolvenzverfahren einleiten. Wie haften die beiden?

(1) Jeder für sich mit seinem gesamten Vermögen.
(2) Sie haften jeweils nur mit ihrem Privatvermögen.
(3) Sie haften gemeinsam und solidarisch, unmittelbar und mit ihrem gesamten Vermögen.
(4) Jeder haftet für die von ihm abgeschlossenen Geschäfte.
(5) Jeder haftet mit seiner Einlage.

Aufgabe 18
B

Am 4. Mai d. J. schließt die BüKo GmbH mit der Heinz Küchentechnik KG einen Vertrag über den Kauf und Einbau einer Küche in das Verwaltungsgebäude der BüKo GmbH ab. Ein Eigentumsvorbehalt wird nicht vereinbart. Die Lieferung, Montage und Abnahme der Küche erfolgt am 6. Mai. Die BüKo GmbH überweist den Rechnungsbetrag am 4. Juni. Die Bankgutschrift auf dem Konto der Heinz Küchentechnik KG erfolgt am 7. Juni.

Ab welchem Datum ist die BüKo GmbH Eigentümer der Küche?

(1) 04. Mai
(2) 06. Mai
(3) 07. Mai
(4) 04. Juni
(5) 07. Juni

Aufgabe 19
B

Prüfen Sie die Erklärungen und ordnen Sie diese den Kaufvertragsarten zu.

Kaufvertragsarten		Erklärungen
(1) *Kauf nach Probe*	(a)	*Kauf einer Ware nach Prüfung einer kostenlosen Probe*
(2) *Kauf zur Probe*	(b)	*Kauf einer Ware, deren Eigenschaften innerhalb einer Frist näher bestimmt werden*
(3) *Kauf auf Probe*	(c)	*Kauf einer kleinen Menge zum Einführungspreis*
(4) *Fixkauf*	(d)	*Kauf mit befristetem Rückgaberecht*
(5) *Spezifikationskauf*	(e)	*Kauf, der mit der Einhaltung des Liefertermins steht und fällt*

Aufgabe 20
B

In der BüKo GmbH sind bei einer Lieferung von Scharnieren, die für die Herstellung von Aktenschränken benötigt werden, Mängel in der Verarbeitung der Scharniere festgestellt worden, die sie für die Produktion unbrauchbar werden lassen.

In welchem Zeitraum müssen die Ansprüche aus einer solchen Schlechtleistung grundsätzlich geltend gemacht werden?

(1) *Innerhalb von sechs Monaten*
(2) *Innerhalb eines Jahres*
(3) *Innerhalb von zwei Jahren*
(4) *Innerhalb von fünf Jahren*
(5) *Innerhalb von 30 Jahren*

Sachverhalt

Sachverhalt zur 21. bis 25. Aufgabe

Die 17-jährige Valerie Neumann absolviert in der BüKo GmbH eine Ausbildung zur Kauffrau für Bürokommunikation und steht unmittelbar vor der Abschlussprüfung.

Aufgabe 21
C

Am Tag vor der schriftlichen Prüfung möchte Valerie Neumann unbedingt von der Arbeit freigestellt werden, um sich noch einmal intensiv auf die Abschlussprüfung vorzubereiten.

(1) *Die BüKo GmbH muss Frau Neumann freistellen, es würde allerdings dafür ein Urlaubstag angerechnet.*
(2) *Die BüKo GmbH kann Frau Neumann freistellen, wenn diese ein entsprechendes Polster an Überstunden hat, das sie „abfeiern“ kann.*
(3) *Die BüKo GmbH muss Frau Neumann nur dann freistellen, wenn der Prüfungstag ein Berufsschultag ist.*
(4) *Die BüKo GmbH muss Frau Neumann freistellen, weil sie noch minderjährig ist.*
(5) *Die BüKo GmbH ist nicht verpflichtet, Frau Neumann freizustellen.*

Auszug aus dem JArbSchG

§ 10 Prüfungen und außerbetriebliche Ausbildungsmaßnahmen

(1) Der Arbeitgeber hat den Jugendlichen

1. für die Teilnahme an Prüfungen und Ausbildungsmaßnahmen, die auf Grund öffentlich-rechtlicher oder vertraglicher Bestimmungen außerhalb der Ausbildungsstätte durchzuführen sind,

2. an dem Arbeitstag, der der schriftlichen Abschlussprüfung unmittelbar vorangeht, freizustellen.

Aufgabe 22
C

Am 11. Juli besteht Frau Neumann auch den mündlichen Teil der Abschlussprüfung. Ihr Ausbildungsvertrag läuft bis zum 31. Juli. Ab wann kann Frau Neumann frühestens bei der BüKo GmbH als Sekretärin anfangen?

(1) *Sie kann am 11. Juli bei der BüKo GmbH antreten, da das Ausbildungsverhältnis mit bestandener Abschlussprüfung automatisch endet.*
(2) *Sie kann am 12. Juli bei der BüKo GmbH antreten, da das Ausbildungsverhältnis mit bestandener Abschlussprüfung automatisch endet.*
(3) *Sie kann am 1. August bei der BüKo GmbH antreten, da das Ausbildungsverhältnis zum 31. Juli endet.*
(4) *Zwar endet das Ausbildungsverhältnis zum 11. Juli, Frau Neumann kann allerdings erst zum nächsten Monatsanfang, also zum 1. August, ihre neue Stelle als Sekretärin bei der BüKo GmbH antreten.*
(5) *Wenn die IHK zustimmt, kann Frau Neumann bereits am 12. Juli ihre Stelle bei der BüKo GmbH antreten.*

Aufgabe 23
C

Frau Neumann interessiert sich für die Arbeitsschutzbestimmungen, die für sie gelten. Von welcher Institution kann sie entsprechende Informationen erhalten?

(1) *Vom staatlichen Gesundheitsamt*
(2) *Von der zuständigen Gewerkschaft*
(3) *Vom Einzelhandelsverband*
(4) *Von der Berufsgenossenschaft*
(5) *Von der Bundesagentur für Arbeit*

Aufgabe 24
C

Angestellten Mitarbeitern werden eine Reihe von Sozialversicherungsbeiträgen von ihrem Einkommen abgezogen. Wonach richtet sich die Beitragshöhe der gesetzlichen Rentenversicherung?

(1) *Nach der Höhe des Nettoeinkommens*
(2) *Nach der Höhe des Bruttoeinkommens*
(3) *Nach dem Familienstand*
(4) *Nach der Höhe der Lohnsteuer*
(5) *Nach der Lohnsteuerklasse*

Aufgabe 25
C

Angenommen Frau Neumann erhält einen Arbeitsvertrag von der BüKo GmbH. Aufgrund eines attraktiven Angebots eines Konkurrenzunternehmens kündigt sie am 2. Oktober noch während der Probezeit. Wann ist ihr letzter Arbeitstag?

(1) *Am 16. Oktober*
(2) *Am 30. Oktober*
(3) *Am 31. Oktober*
(4) *Eine Kündigung ist erst nach Ablauf der Probezeit möglich.*
(5) *Ein Wechsel zu einem Konkurrenzunternehmen ist erst nach ausdrücklicher Genehmigung der BüKo GmbH möglich.*

Aufgabe 26
D

In einer Tageszeitung lesen Sie die Schlagzeile „Hoffnung auf eine baldige Senkung des Leitzinses macht sich breit".

Welche Institution ist im Euro-Raum für die Geldpolitik zuständig und könnte eine solche Senkung des Leitzinses beschließen?

(1) *Europäischer Rat*
(2) *Europäisches Parlament*
(3) *Europäische Zentralbank*
(4) *EU-Kommission*
(5) *EU-Ministerrat*

Aufgabe 27
D

Welche volkswirtschaftlichen Auswirkungen hätte eine Senkung des Leitzinses (→ Aufgabe 26)? ☐

(1) *Eine Senkung des Leitzinses hätte keinen Einfluss auf die Konjunktur.*
(2) *Eine Senkung des Leitzinses würde zu einer Abschwächung der Inflation führen.*
(3) *Eine Senkung des Leitzinses hätte eine konjunkturdämpfende Wirkung.*
(4) *Eine Senkung des Leitzinses würde die Konsum- und Investitionsneigung erhöhen.*
(5) *Eine Senkung des Leitzinses würde die Geldmenge reduzieren.*

Aufgabe 28
D

Welcher Vorgang trägt zur Stabilisierung des Preisniveaus bei einer inflationären Entwicklung bei? ☐

(1) *Verkürzung der wöchentlichen Arbeitszeit bei vollem Lohnausgleich*
(2) *Erhöhung der Staatsausgaben*
(3) *Verstärkung des Exportes*
(4) *Verstärkung der Spartätigkeit*
(5) *Lohnerhöhung um 10 % bei Steigerung des Sozialproduktes um 5 %*

Aufgabe 29
D

Welches Merkmal ist typisch für die Aufschwungphase im Konjunkturzyklus? ☐

(1) *Abnahme der Kapazitätsauslastung der Betriebe*
(2) *Senkung der durchschnittlichen Löhne*
(3) *Zunahme der Arbeitslosigkeit*
(4) *Zunahme der Investitionen*
(5) *Rückgang der Investitionen*

Aufgabe 30
D

Welche der folgenden Aussagen zum „Magischen Viereck" ist richtig? ☐

(1) *An der Wirtschaftspolitik sind drei Bundesministerien (Wirtschaft, Finanzen, Arbeit und Soziales) und die Bundesbank beteiligt. Diese vier wirtschaftspolitischen Instanzen werden als „Magisches Viereck" bezeichnet.*
(2) *Es ist möglich, alle wirtschaftspolitischen Ziele gleichzeitig zu verwirklichen. Deshalb spricht man bei den Zielen des Stabilitätsgesetzes von einem „Magischen Viereck".*
(3) *Es ist unmöglich, alle wirtschaftspolitischen Ziele gleichzeitig zu verwirklichen. Aus diesem Grund spricht man bei den Zielen des Stabilitätsgesetzes von einem „Magischen Viereck".*
(4) *Das „Magische Viereck" ist eine ständige Konferenz zur schnellen Abstimmung zwischen Bundeskanzler, Bundesfinanzminister sowie der Bundesbank über alle Fragen der Wirtschaftspolitik.*
(5) *Das „Magische Viereck" ist die Summe aller volkswirtschaftlichen Ziele. Verantwortlich für das Erreichen dieser Ziele ist alleine die staatliche Wirtschaftspolitik.*

Sie sind Mitarbeiter/Mitarbeiterin in der BüKo GmbH (siehe nachfolgende Unternehmensbeschreibung).

Beschreibung des Unternehmens

Firma Geschäftszweck Geschäftssitz Registergericht	BüKo GmbH, Büroeinrichtungs- und Kommunikationssysteme Herstellung und Vertrieb von Büroeinrichtungs- und Kommunikationssystemen Ludwig-Thoma-Str. 47, 95447 Bayreuth Amtsgericht Bayreuth HR B 345-0815 USt-Id.-Nummer: DE 999666333123 Die BüKo GmbH ist Mitglied des Arbeitgeberverbandes. Der Tarifvertrag findet Anwendung.
Geschäftsjahr	1. Januar bis 31. Dezember
Bankverbindung Postbankverbindung	Sparkasse Bayreuth Konto-Nr. 123456789 BLZ 773 501 10 Postbank Nürnberg Konto-Nr. 987654321 BLZ 760 100 85
Produktprogramm (Eigene Erzeugnisse)	– Konferenztische – Konferenzstühle – Besucherstühle – Bürostühle – Regalsysteme
Dienstleistungen	– Lieferung und Montage der gelieferten Büromöbel – Entsorgung von Altmöbeln
Handelswaren	Warengruppe 1: Bürotechnik Warengruppe 2: Büroeinrichtung Warengruppe 3: Verbrauch Warengruppe 4: Organisation
Fertigungsverfahren	Einzel- und Serienfertigung
Stoffe/Vorprodukte	Rohstoffe: Holz, Furniere, Möbelbezugsstoffe, Scharniere Hilfsstoffe: Lacke, Klebstoffe, Schrauben, Nägel Betriebsstoffe: Strom, Gas, Wasser, Heizöl, Schmierstoffe Vorprodukte: Türschlösser, Türknöpfe Energie: Strom, Gas
Mitarbeiter	Angestellte 42 Arbeiter 90 Auszubildende 14
Bilanzsumme	ca. 20 Mio. EUR
Umsatz	ca. 100 Mio. EUR

Aufgabe 1
A

In der Volkswirtschaftslehre wird zwischen Bedürfnissen und Bedarf unterschieden. ☐

Welche Aussage ist zutreffend?

(1) *Jeder Bedarf löst ein Bedürfnis aus.*
(2) *Jedes Bedürfnis löst einen Bedarf aus.*
(3) *Bedürfnisse sind die Mangelempfindungen der Menschen, Bedarf die mit Kaufkraft versehenen Bedürfnisse.*
(4) *Ein Bedürfnis ist der Wunsch des Kunden, ein Konsumgut zu besitzen. Bei Investitionsgütern spricht man von einem Bedarf.*
(5) *Bedürfnisse erstrecken sich auf Kultur- und Luxusgüter, der Bedarf bezieht sich nur auf die lebensnotwendigen Güter.*

Aufgabe 2
A

Was ist im vorliegenden Angebots-Nachfrage-Diagramm im Punkt X gegeben?

(1) *Ein Marktgleichgewicht*
(2) *Ein Angebotsüberhang*
(3) *Ein Nachfrageüberhang*
(4) *Ein Höchstpreis*
(5) *Eine vom Markt ausgelöste Preiserhöhung*

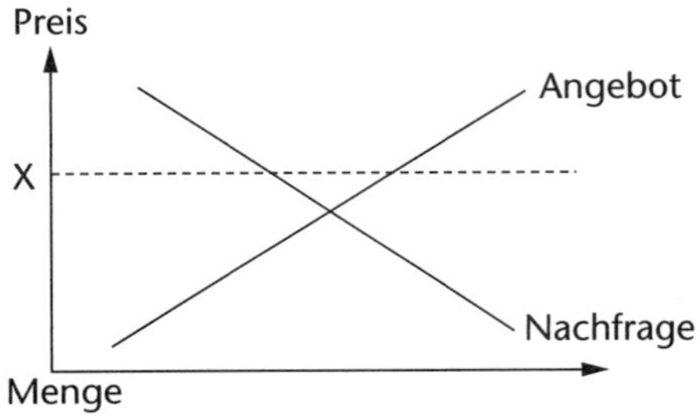

Aufgabe 3
A

Die BüKo GmbH stellt Güter her, die der Bedürfnisbefriedigung dienen. Welche der folgenden Aussagen zu Gütern ist zutreffend?

(1) *Ein Gut, das mit Gewinn verkauft wird, ist immer auch ein Investitionsgut.*
(2) *Konsumgüter sind immer auch Verbrauchsgüter.*
(3) *Produktionsgüter sind immer auch Gebrauchsgüter.*
(4) *Jedes Gut wird irgendwann zu einem Konsumgut.*
(5) *Sowohl Produktions- als auch Konsumgüter können Gebrauchs- und Verbrauchsgüter sein.*

Aufgabe 4
A

Die BüKo GmbH berücksichtigt bei ihren unternehmerischen Entscheidungen das ökonomische Prinzip. Welche der folgenden Aussagen zum ökonomischen Prinzip ist zutreffend?

(1) *Das ökonomische Prinzip besagt, dass mit einem minimalen Input ein maximaler Output erreicht werden soll.*
(2) *Das ökonomische Prinzip ist die Grundlage jeden wirtschaftlichen Handelns.*
(3) *Das ökonomische Prinzip wird in allen Volkswirtschaften beachtet.*
(4) *Das ökonomische Prinzip gilt nur für Erwerbsunternehmen.*
(5) *Das ökonomische Prinzip besagt, dass möglichst wenigen Ausgaben möglichst viele Einnahmen gegenüberstehen.*

Aufgabe 5
A

Man unterscheidet volkswirtschaftliche und betriebswirtschaftliche Produktionsfaktoren. In welcher Kombination sind die volkswirtschaftlichen Produktionsfaktoren vollständig aufgeführt?

(1) *Arbeit, Boden, Kapital, Bildung*
(2) *Arbeit, Boden, Werkstoffe, Bildung*
(3) *Arbeit, Boden, Werkstoffe, Planung*
(4) *Arbeit, Boden, Kapital, Planung*
(5) *Arbeit, Werkstoffe, Boden, Planung*

Aufgabe 6
A

Prüfen Sie, in welchem Fall bei der BüKo GmbH die Substitution eines Produktionsfaktors stattfindet.

(1) *Um Absatzschwankungen zu vermeiden, wird das Produktionsprogramm um spezielle Designer-Büromöbel erweitert.*
(2) *Durch den Einsatz einer vollautomatischen Maschine wird die Stelle eines aus Altersgründen ausscheidenden Facharbeiters nicht mehr besetzt.*
(3) *Durch eine Optimierung des Arbeitsablaufs und eine sinnvollere Anordnung der Maschinen wird die Durchlaufzeit erheblich verkürzt.*
(4) *Eine durch Verschleiß störungsanfällige Verpackungsmaschine wird durch eine neue Verpackungsmaschine ersetzt.*
(5) *Zum nächsten Einstellungstermin wird die Zahl der Ausbildungsplätze verdoppelt.*

Welche Auswirkung hat eine konsequent betriebene Arbeitsteilung für die BüKo GmbH? ☐

Aufgabe 7
A

(1) Durch die Arbeitsteilung wird das Aufgabengebiet der einzelnen Mitarbeiter abwechslungsreicher.
(2) Bei Arbeitsteilung entfällt die gegenseitige Abhängigkeit der einzelnen Mitarbeiter.
(3) Durch Arbeitsteilung wird bei gleicher Beschäftigungsdauer der einzelnen Mitarbeiter eine höhere Produktivität erreicht.
(4) Durch die Arbeitsteilung sinkt die Produktivität der einzelnen Mitarbeiter.
(5) Durch die Arbeitsteilung wird die Mobilität des einzelnen Mitarbeiters erhöht.

In welchem der folgenden Fälle ist die Einzugsermächtigung die sinnvollste Zahlungsmöglichkeit für die BüKo GmbH? ☐

Aufgabe 8
A

(1) Zahlung einer Benzinrechnung an der Tankstelle
(2) Zahlung eines offenen Rechnungsbetrages eines Lieferanten
(3) Zahlung der Miete für die angemietete Lagerhalle
(4) Zahlung der Telefonrechnung
(5) Zahlung der Gehälter

Bei welcher der folgenden Zahlungsmöglichkeiten spricht man von einer halbbaren Zahlung? ☐

Aufgabe 9
A

(1) Überweisung
(2) Dauerauftrag
(3) Zahlschein
(4) Electronic Cash
(5) Verrechnungsscheck

Die BüKo GmbH unterhält unter anderem Geschäftsbeziehungen mit den Lieferanten Heinz Müller e. K., Lorenz Maschinenbau AG und der Holzhandel Kiefer KG.

Aufgabe 10
B

Welche der unten stehenden Sachverhalte treffen

(1) nur auf die Heinz Müller e. K.,
(2) nur auf die Holzhandel Kiefer KG,
(3) nur auf die Lorenz Maschinenbau AG,
(4) sowohl auf die Heinz Müller e. K. als auch auf die Holzhandel Kiefer KG,
(5) sowohl auf die Heinz Müller e. K., die Lorenz Maschinenbau AG als auch die Holzhandel Kiefer KG

zu?

Sachverhalte:

a) Gewerbesteuerpflicht ☐

b) Eintragung in Abteilung A des Handelsregisters ☐

c) Haftung nur mit dem Gesellschaftsvermögen ☐

Bei welchen der folgenden Kunden der BüKo GmbH handelt es sich um eine juristische Person? (zwei Lösungen!) ☐ ☐

Aufgabe 11
B

(1) Sommer OHG
(2) Heinz Müller e. K.
(3) Lorenz Maschinenbau AG
(4) Holzhandel Kiefer KG
(5) Möbelhandel Murrmann GmbH

Sachverhalt

Sachverhalt zur 12. und 13. Aufgabe

Am 15. März d. J. hat die BüKo GmbH mit der Bürohandel Schumann GmbH einen Kaufvertrag über 80 Besprechungsstühle des Modells „Comfort" abgeschlossen. Die Besprechungsstühle sollen nach Ermessen der BüKo GmbH im Laufe des Geschäftsjahres nach und nach geliefert werden. Im Kaufvertrag ist neben dem Zahlungsziel von 30 Tagen auch ein Eigentumsvorbehalt vereinbart. Ansonsten gelten die gesetzlichen Regelungen.

Aufgabe 12
B

Welche Art von Kaufvertrag liegt hier vor? ☐

(1) *Stückkauf*
(2) *Fixkauf*
(3) *Kauf auf Abruf*
(4) *Kauf nach Probe*
(5) *Spezifikationskauf*

Aufgabe 13
B

Am 13. Mai bittet die BüKo GmbH die Bürohandel Schumann GmbH um die Lieferung von 20 Besprechungsstühlen für den 21. Mai. Die Lieferung trifft am 21. Mai ordnungsgemäß bei der BüKo GmbH ein. ☐

Welche der folgenden Aussagen ist zutreffend?

(1) *Die BüKo GmbH wird Eigentümer und Besitzer der Besprechungsstühle.*
(2) *Die BüKo GmbH wird weder Eigentümer noch Besitzer der Besprechungsstühle.*
(3) *Die BüKo GmbH wird Besitzer, aber nicht Eigentümer der Besprechungsstühle.*
(4) *Die BüKo GmbH wird Eigentümer, aber nicht Besitzer der Besprechungsstühle.*
(5) *Die BüKo GmbH teilt sich das Eigentum an den Besprechungsstühlen mit der Bürohandel Schumann GmbH.*

Sachverhalt

Sachverhalt zur 14. bis 17. Aufgabe

Die BüKo GmbH hat dem Privatmann Stefan Baumann einen Aktenvernichter verkauft und ordnungsgemäß zum vereinbarten Termin geliefert. Die Zahlungsbedingung lautet laut Rechnung vom 23.10.2012 „Zahlungsziel 30 Tage". Die Zahlung des fälligen Kaufpreises wurde bereits angemahnt.

Aufgabe 14
B

Welche Rechte kann die BüKo GmbH gegenüber der Baumann KG hier geltend machen? ☐

(1) *Erst nach der Zustellung eines gerichtlichen Mahnbescheids befindet sich die Baumann KG im Zahlungsverzug. Vorher kann die BüKo GmbH noch keine Rechte geltend machen.*
(2) *Die Baumann KG befindet sich im Zahlungsverzug. Die BüKo GmbH kann deshalb die gelieferten Rollcontainer zurückverlangen, ohne vorher vom Vertrag zurückzutreten.*
(3) *Die Baumann KG befindet sich im Zahlungsverzug. Die BüKo GmbH kann deshalb sofort vom Kaufvertrag zurücktreten.*
(4) *Die Baumann KG befindet sich im Zahlungsverzug. Die BüKo GmbH kann deshalb Verzugszinsen in Höhe von 5 % über den geltenden Basiszinssatz verlangen.*
(5) *Die Baumann KG befindet sich im Zahlungsverzug. Die BüKo GmbH kann die gesetzliche Vertragsstrafe von 20 % des Kaufpreises verlangen.*

Aufgabe 15
B

Wann verjährt die Forderung der BüKo GmbH gegenüber Stefan Baumann, wenn die BüKo GmbH nichts weiter unternimmt? ☐

(1) *Am 23. November 2014*
(2) *Am 31. Dezember 2014*
(3) *Am 23. Oktober 2015*
(4) *Am 23. November 2015*
(5) *Am 31. Dezember 2015*

Aufgabe 16
B

Welchen Einfluss hat das außergerichtliche Mahnverfahren auf die Verjährung? ☐

(1) Die Forderung verjährt erst nach 30 Jahren.
(2) Das außergerichtliche Mahnverfahren hat keinen Einfluss auf die Verjährungsfrist.
(3) Die Verjährung wird unterbrochen.
(4) Die Verjährung wird gehemmt.
(5) Die Verjährungsfrist wird von 3 Jahren auf 5 Jahre verlängert.

Aufgabe 17
B

Wodurch würde die Verjährung der Geldforderung unterbrochen werden? ☐

(1) Durch Mahnung mit Einschreibebrief
(2) Durch Tod des Zahlungspflichtigen
(3) Durch Antrag auf Erlass eines Mahnbescheides
(4) Durch eine stille Zession
(5) Durch Streik der Belegschaft des zahlungspflichtigen Unternehmers

Aufgabe 18
B

Die BüKo GmbH bekommt mangelhafte Ware geliefert. Welche der folgenden Rechte kann sie geltend machen? ☐

(1) Deckungskauf tätigen
(2) Selbsthilfeverkauf veranlassen
(3) Verzugszinsen einfordern
(4) Notverkauf vornehmen
(5) Nachbesserung verlangen

Aufgabe 19
B

Ordnen Sie zu, indem Sie die Kennziffern von drei der insgesamt sechs Handlungen in die Kästchen bei den Vertragsarten eintragen.

Handlungen:

(1) Es werden Sachen gegen Entgelt übergeben und das Eigentum übertragen.
(2) Es werden Gegenstände gegen Entgelt zum Gebrauch überlassen und nach Zeitablauf zurückgegeben.
(3) Geld oder andere vertretbare Sachen werden gegen die Verpflichtung der späteren Rückgabe in gleicher Art, Güte und Menge überlassen.
(4) Ein Auszubildender leistet in einem Unternehmen Dienste gegen Vergütung.
(5) Der Gebrauch einer Sache wird unentgeltlich für eine bestimmte Zeit überlassen.
(6) Ein Copy-Shop bindet eine Zulassungsarbeit, die ihm vom Auftraggeber zur Verfügung gestellt wurde.

Vertragsarten:

Darlehensvertrag ☐

Werkvertrag ☐

Mietvertrag ☐

Aufgabe 20
B

Durch welche der nachstehenden Geschäftsvorgänge in der BüKo GmbH ist ein zweiseitig verpflichtendes Rechtsgeschäft entstanden? ☐

(1) Die BüKo GmbH verlängert die Gewährleistungsfrist für einen Sonderposten Bürostühle.
(2) Die BüKo GmbH kauft Scharniere für die Herstellung von Regalen ein.
(3) Die BüKo GmbH schenkt einem Mitarbeiter zu dessen 25-jährigem Betriebsjubiläum 500 EUR.
(4) Die BüKo GmbH kündigt einen Mitarbeiter fristgemäß.
(5) Der Geschäftsführer der BüKo GmbH verfasst sein Testament.

Sachverhalt

Sachverhalt zur 21. und 22. Aufgabe

In der BÜKO GmbH sind u. a. folgende Personen beschäftigt:
Frau Beetz, 16 Jahre, Auszubildende in der Probezeit
Herr Echtler, 19 Jahre, Auszubildender im 3. Ausbildungsjahr
Frau Mahnke, 26 Jahre, seit vier Monaten beschäftigt, befristeter Arbeitsvertrag
Frau Pittner, 36 Jahre, Assistentin des Geschäftsführers, alleinerziehende Mutter von drei Kindern
Frau Wolfschmidt, 41 Jahre, Prokuristin

Aufgabe 21
C

Für welchen der Mitarbeiter gilt ein besonderer gesetzlicher Kündigungsschutz? ☐

(1) Frau Beetz
(2) Herr Echtler
(3) Frau Mahnke
(4) Frau Pittner
(5) Frau Wolfschmidt

Aufgabe 22
C

Welche Aussage entspricht den gesetzlichen Bestimmungen zum Arbeitsvertrag von Frau Mahnke? ☐

(1) Der befristete Arbeitsvertrag mit Frau Mahnke ist unzulässig, weil er nicht im Einklang mit den gesetzlichen Kündigungsschutzbestimmungen steht.
(2) Im befristeten Arbeitsvertrag mit Frau Mahnke wurde bereits beim Abschluss festgehalten, wann das Arbeitsverhältnis endet.
(3) Die maximale Anzahl der befristeten Arbeitsverträge je Unternehmen wird von der Bundesagentur für Arbeit festgelegt.
(4) Der befristete Arbeitsvertrag verlängert sich automatisch, wenn keine ausdrückliche Kündigung erfolgt.
(5) Aufgrund der Befristung des Arbeitsverhältnisses kann Frau Mahnke nicht fristlos gekündigt werden.

Aufgabe 23
C

Die Auszubildende Nicole Schneider ist 17 Jahre alt und seit sechs Monaten bei der BüKo GmbH beschäftigt. Am Montag beginnt ihre Arbeitszeit um 8:00 Uhr und endet um 17:00 Uhr. Prüfen Sie anhand des unten stehenden Auszugs aus dem Jugendarbeitsschutzgesetz, wann sie spätestens eine Pause machen muss. ☐

(1) Um 9:00 Uhr
(2) Um 12:00 Uhr
(3) Um 12:30 Uhr
(4) Um 13:00 Uhr
(5) Um 13:30 Uhr

Auszug aus dem JArbSchG

§ 11 Ruhepausen, Aufenthaltsräume

(1) Jugendlichen müssen im voraus feststehende Ruhepausen von angemessener Dauer gewährt werden. Die Ruhepausen müssen mindestens betragen

1. 30 Minuten bei einer Arbeitszeit von mehr als viereinhalb bis zu sechs Stunden,

2. 60 Minuten bei einer Arbeitszeit von mehr als 6 Stunden. Als Ruhepause gilt nur eine Arbeitsunterbrechung von mindestens 15 Minuten.

(2) Die Ruhepausen müssen in angemessener zeitlicher Lage gewährt werden, frühestens eine Stunde nach Beginn und spätestens eine Stunde vor Ende der Arbeitszeit. Länger als viereinhalb Stunden hintereinander dürfen Jugendliche nicht ohne Ruhepause beschäftigt werden.

Aufgabe 24
D

Angenommen die Bundesregierung plant, durch eine gezielte Steuerpolitik die Nachfrage der privaten Haushalte unmittelbar zu steigern.

Für welche der folgenden Maßnahmen müsste sie sich entscheiden?

(1) *Senkung der Körperschaftssteuer*
(2) *Einführung einer Finanztransaktionssteuer*
(3) *Senkung der Abschreibungssätze*
(4) *Senkung der Umsatzsteuer*
(5) *Senkung der Werbungskostenpauschale*

Sachverhalt

Abbildung zu den Aufgaben 25 bis 27

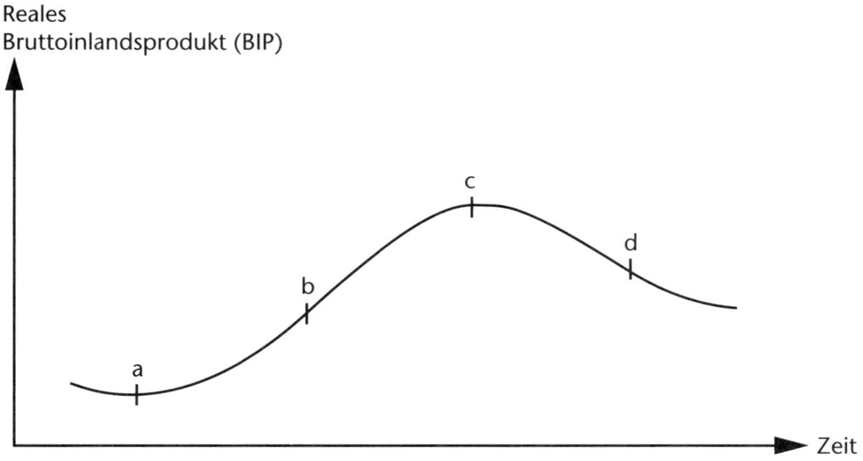

Aufgabe 25
D

Welche Konjunkturphase ist richtig beschrieben?

(1) *Im Punkt a ist die Zahl offener Stellen am Arbeitsmarkt sehr niedrig.*
(2) *Im Punkt b sinken die Preise bei fallender Nachfrage.*
(3) *Im Punkt b ist bei steigender Nachfrage mit ansteigenden Preisen zu rechnen.*
(4) *Im Punkt c sind bei niedrigem Preisniveau und großer Nachfrage alle freien Arbeitsplätze besetzt.*
(5) *Im Punkt d fallen bei steigender Nachfrage und hohem Beschäftigungsniveau die Preise.*

Aufgabe 26
D

Prüfen Sie, welche Feststellung auf die Konjunkturphase im Bereich des Punktes d zutrifft.

(1) *Die Aktienkurse steigen stark an.*
(2) *Die Nachfrage der inländischen Verbraucher nimmt zu.*
(3) *Die Gewinnerwartungen der Unternehmer steigen.*
(4) *Die Auftragseingänge im verarbeitenden Gewerbe sind rückläufig.*
(5) *Es werden mehr Baugenehmigungen erteilt.*

Aufgabe 27
D

Konjunkturelle Schwankungen werden anhand von Konjunkturindikatoren gemessen. Welcher der unten stehenden Indikatoren eignet sich nicht als Konjunkturindikator?

(1) *Zinsniveau*
(2) *Preisentwicklung*
(3) *Bevölkerungsentwicklung*
(4) *Investitionsneigung*
(5) *Sparneigung*

Aufgabe 28
D

Welche Aussage über die Preisbildung in der Bundesrepublik Deutschland ist richtig? ☐

(1) Alle Preise werden durch Absprache zwischen den Unternehmern festgelegt.
(2) Alle Preise entstehen als Gleichgewichtspreise am vollkommenen Markt.
(3) Alle Preiserhöhungen von mehr als 10 % müssen vom Staat genehmigt werden.
(4) Bei der betrieblichen Preiskalkulation wird der Marktpreis ermittelt.
(5) Die Verbraucher können in manchen Fällen durch ihr Verhalten die Preise beeinflussen.

Aufgabe 29
D

Ordnen Sie zu, indem Sie die Ziffern von drei der insgesamt sieben Beispiele in die Kästchen bei den Marktformen eintragen.

Beispiele

(1) ein Anbieter, ein Nachfrager
(2) ein Anbieter, viele Nachfrager
(3) wenige Anbieter, ein Nachfrager
(4) wenige Anbieter, wenige Nachfrager
(5) wenige Anbieter, viele Nachfrager
(6) viele Anbieter, ein Nachfrager
(7) viele Anbieter, viele Nachfrager

Marktformen

zweiseitiges Monopol ☐

Nachfragepolypol bei Angebotsmonopol ☐

zweiseitiges Oligopol ☐

Aufgabe 30
D

Wodurch erhöht sich die Nachfrage der privaten Haushalte nach Konsumgütern, wenn alle anderen Einflussfaktoren gleich bleiben? ☐

(1) Senkung der Sozialleistungen
(2) Erhöhung der Kreditkosten
(3) Senkung der Einkommensteuer
(4) Erhöhung des Zinses
(5) Erhöhung der Preise

5. Klausur

Sachverhalt

Sie sind Mitarbeiter/Mitarbeiterinnen in der BüKo GmbH (siehe nachfolgende Unternehmensbeschreibung).

Beschreibung des Unternehmens

Firma Geschäftszweck Geschäftssitz Registergericht	BüKo GmbH, Büroeinrichtungs- und Kommunikationssysteme Herstellung und Vertrieb von Büroeinrichtungs- und Kommunikationssystemen Ludwig-Thoma-Str. 47, 95447 Bayreuth Amtsgericht Bayreuth HR B 345-0815 USt-Id.-Nummer: DE 999666333123 Die BüKo GmbH ist Mitglied des Arbeitgeberverbandes. Der Tarifvertrag findet Anwendung.
Geschäftsjahr	1. Januar bis 31. Dezember
Bankverbindung Postbankverbindung	Sparkasse Bayreuth Konto-Nr. 123456789 BLZ 773 501 10 Postbank Nürnberg Konto-Nr. 987654321 BLZ 760 100 85
Produktprogramm (Eigene Erzeugnisse)	– Konferenztische – Konferenzstühle – Besucherstühle – Bürostühle – Regalsysteme
Dienstleistungen	– Lieferung und Montage der gelieferten Büromöbel – Entsorgung von Altmöbeln
Handelswaren	Warengruppe 1: Bürotechnik Warengruppe 2: Büroeinrichtung Warengruppe 3: Verbrauch Warengruppe 4: Organisation
Fertigungsverfahren	Einzel- und Serienfertigung
Stoffe/Vorprodukte	Rohstoffe: Holz, Furniere, Möbelbezugsstoffe, Scharniere Hilfsstoffe: Lacke, Klebstoffe, Schrauben, Nägel Betriebsstoffe: Strom, Gas, Wasser, Heizöl, Schmierstoffe Vorprodukte: Türschlösser, Türknöpfe Energie: Strom, Gas
Mitarbeiter	Angestellte 42 Arbeiter 90 Auszubildende 14
Bilanzsumme	ca. 20 Mio. EUR
Umsatz	ca. 100 Mio. EUR

Aufgabe 1
A

Welche Unternehmenszielsetzung entspricht dem erwerbswirtschaftlichen Prinzip? ☐

(1) *Der größtmögliche Umsatz soll angestrebt werden.*
(2) *Der größtmögliche Absatz soll angestrebt werden.*
(3) *Der größtmögliche Gewinn soll angestrebt werden.*
(4) *Das größtmögliche Marktvolumen soll angestrebt werden.*
(5) *Der größtmögliche Beschäftigungsstand soll angestrebt werden.*

Aufgabe 2
A

Welche der folgenden Aussagen zu den Geld- und Güterströmen im einfachen Wirtschaftskreislauf ist richtig?

(1) Staatliche Sozialleistungen fließen von den Banken zu den Haushalten.
(2) Güter fließen von den Haushalten zu den Unternehmen.
(3) Einkommen fließen von den Haushalten zu den Banken.
(4) Löhne und Gehälter fließen von den Unternehmen zu den Haushalten.
(5) Subventionen fließen von den Banken zum Staat.

Aufgabe 3
A

In welchem der folgenden Beispiele wird das angegebene Gut als Produktionsgut (Investitionsgut) verwendet?

(1) In den Büroräumen der BüKo GmbH wird aufgrund des runden Geburtstages eines Kollegen eine Flasche Sekt getrunken.
(2) Ein Maschinenbauunternehmen kauft sich eine neue Spezialmaschine für die Maschinenherstellung.
(3) Ein Mitarbeiter kauft sich einen Pkw, um in Zukunft damit zur Arbeit fahren zu können.
(4) In der Mittagspause bestellen sich einige Mitarbeiter eine Pizza.
(5) Ein Auszubildender kauft sich einen Schreibtisch für seine Wohnung.

Aufgabe 4
A

Welche der genannten Funktionen erfüllt der Preis X im dargestellten Diagramm?

(1) Er gibt die Marktstellung des Anbieters an.
(2) Er gibt die Marktstellung des Nachfragers an.
(3) Er gibt den objektiven Wert des Gutes an.
(4) Er sorgt für den Ausgleich zwischen Angebot und Nachfrage.
(5) Er sorgt für die Deckung der Kosten.

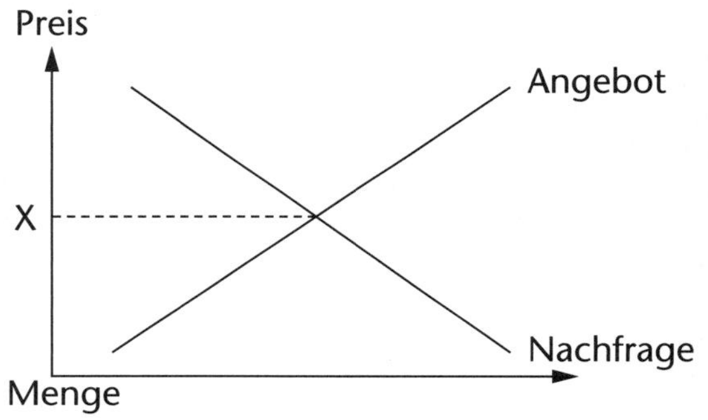

Aufgabe 5
A

Die BüKo GmbH hat Sie beauftragt, Vorschläge zu unterbreiten, wie Umweltbelastungen zukünftig reduziert werden können. Sie schlagen unter anderem vor, bei einigen Produkten zukünftig auf die Umverpackung zu verzichten.
Wie ist die korrekte Bezeichnung für diese Maßnahme?

(1) Recycling
(2) Abfallvermeidung
(3) Abfalltrennung
(4) Abfallbeseitigung
(5) Energieeinsparung

Aufgabe 6
A

Als eine von vielen absatzpolitischen Maßnahmen beschließt die BüKo GmbH, ein bestimmtes Modell eines Besprechungsstuhls vom Markt zu nehmen.
Welchem Marketing-Bereich ist diese Maßnahmen zuzuordnen?

(1) Produktpolitik
(2) Preispolitik
(3) Konditionenpolitik
(4) Kommunikationspolitik
(5) Distributionspolitik

☐

Aufgabe 7
A

Man unterscheidet volkswirtschaftliche und betriebswirtschaftliche Produktionsfaktoren. In welcher Kombination sind die betriebswirtschaftlichen Produktionsfaktoren vollständig aufgeführt?

(1) Arbeit, Betriebsmittel, Kapital, Bildung
(2) Arbeit, Boden, Werkstoffe, Bildung
(3) Arbeit, Betriebsmittel, Werkstoffe, Planung
(4) Arbeit, Betriebsmittel, Kapital, Planung
(5) Arbeit, Werkstoffe, Boden, Planung

☐

Aufgabe 8
A

Die BüKo GmbH erhält am 22. März einen Scheck, auf dem als Ausstellungsdatum der 31. März eingetragen ist. Wann kann das Unternehmen den Scheck frühestens zur Einlösung vorlegen?

(1) Der Scheck kann überhaupt nicht vorgelegt werden, da er ungültig ist.
(2) Der Scheck kann nicht vor dem 31. März vorgelegt werden.
(3) Der Scheck muss am 31. März vorgelegt werden.
(4) Der Scheck kann sofort vorgelegt werden.
(5) Der Scheck muss spätestens bis zum 8. April vorgelegt werden.

☐

Aufgabe 9
A

Eine Rechnung der BüKo GmbH vom 5. April - Zahlungsbedingungen innerhalb 14 Tagen, 2 % Skonto, 30 Tage netto - wurde vom Kunden noch nicht bezahlt. Am 12. April wird der Kunde daran erinnert und um Zahlung bis spätestens 28. April gebeten. Ab wann kann die BüKo GmbH Verzugszinsen verlangen?

(1) 5. April
(2) 19. April
(3) 5. Mai
(4) 12. Mai
(5) 28. Mai

☐

Sachverhalt

Sachverhalt zur 10. bis 13. Aufgabe

Sie sind Mitarbeiter in der Abteilung Einkauf der BüKo GmbH und erhalten das unten stehende Schreiben.

☐

Holzhandel Kiefer GmbH
Nürnberg

Holzhandel Kiefer GmbH, Industriestraße 68, 90408 Nürnberg

BÜKO GmbH
Ludwig-Thoma-Str. 47
95447 Bayreuth

Ihre Zeichen, Ihre Nachricht vom	Unser Zeichen	Telefon	Nürnberg, den 27.04.20..
	me/Sc		

Angebot

Sehr geehrter Herr Müller,

wir danken Ihnen für Ihre Anfrage vom 18.04. und machen Ihnen folgendes Angebot:

Ahornholz Güteklasse 1a, 25 m^3, Preis maximal 175,00 EUR je m^3

Der Preis ist freibleibend. Es gilt der Tagespreis am Tag der Lieferung. Bei Vertragsabschluss sind 500,00 EUR anzuzahlen, der Rest ist innerhalb von 30 Tagen nach Lieferung ohne Abzug zahlbar. Die Lieferung erfolgt auf Kosten des Käufers. Die Lieferzeit beträgt 2 Wochen ab Bestellung.

Die Ware bleibt bis zur vollständigen Bezahlung Eigentum der Holzhandel Kiefer GmbH. Der Gerichtsstand ist für beide Vertragspartner Nürnberg. Der Erfüllungsort ist ebenfalls Nürnberg.

Wir hoffen, dass unser Angebot Ihren Vorstellungen entspricht und erwarten gerne Ihren Auftrag.

Mit freundlichen Grüßen

S. Schneider

Susanne Schneider

Steuernummer: 38472625349
USt-Id.-Nr. DE 154234634
Bankverbindung: Sparkasse Nürnberg, BLZ 76050101, Kto-Nr. 6123424251

Aufgabe 10
B

Wie lange ist die Holzhandel Kiefer GmbH an dieses Angebot gebunden? ☐

(1) *Das Angebot ist zeitlich unbegrenzt gültig, es sei denn, das Unternehmen Holzhandel Kiefer GmbH geht in die Insolvenz.*
(2) *Die Holzhandel Kiefer GmbH ist überhaupt nicht an das Angebot gebunden, da es sich um ein unverbindliches Angebot handelt.*
(3) *Das Angebot ist ca. eine Woche bindend.*
(4) *Das Angebot ist sechs Wochen bindend.*
(5) *Das Angebot ist drei Monate bindend.*

Aufgabe 11
B

Bei welcher Formulierung des oben stehenden Schreibens handelt es sich um die Zahlungsbedingungen? ☐

(1) *„Wir danken Ihnen für Ihre Anfrage vom 18.04. und machen Ihnen folgendes Angebot: Ahornholz Güteklasse 1a, 25 m^3, Preis maximal 175,00 EUR je m^3“*
(2) *„Bei Vertragsabschluss sind 500,00 EUR anzuzahlen, der Rest ist innerhalb von 30 Tagen nach Lieferung ohne Abzug zahlbar.“*

(3) *„Die Lieferung erfolgt auf Kosten des Käufers. Die Lieferzeit beträgt 2 Wochen ab Bestellung."*
(4) *„Die Ware bleibt bis zur vollständigen Bezahlung Eigentum der Holzhandel Kiefer GmbH."*
(5) *„Der Gerichtsstand ist für beide Vertragspartner Nürnberg. Der Erfüllungsort ist ebenfalls Nürnberg."*

Aufgabe 12 **B**

Auf der Grundlage des vorliegenden Angebots bestellen Sie das Ahornholz. In welchem Fall ist eine Bestellannahme (Auftragsbestätigung) erforderlich, damit ein Kaufvertrag zustande kommt? ☐

(1) *Wenn Sie am 27.04. per Mail bestellen.*
(2) *Wenn Sie die Bestellung am 28.04. per Brief aufgeben.*
(3) *Wenn Sie die Bestellung am 29.04. per Fax aufgeben.*
(4) *Wenn Sie im Rahmen Ihrer Bestellung die Lieferfrist auf eine Woche verkürzen.*
(5) *Wenn Sie den Kaufvertrag nur mündlich abschließen.*

Aufgabe 13 **B**

Was bedeutet die Formulierung „Die Ware bleibt bis zur vollständigen Bezahlung Eigentum der Holzhandel Kiefer GmbH"? ☐

(1) *Es handelt sich um einen Eigentumsvorbehalt, d. h. die Lieferung erfolgt erst nach Bezahlung der Lieferung.*
(2) *Es handelt sich um einen Eigentumsvorbehalt, d. h. die BüKo GmbH wird nach der Bezahlung der Ware nur Besitzer, aber nicht Eigentümer.*
(3) *Es handelt sich um einen Eigentumsvorbehalt, d. h. die BüKo GmbH wird nach der Bezahlung der Ware nur Eigentümer, aber nicht Besitzer.*
(4) *Es handelt sich um einen Eigentumsvorbehalt, d. h. die BüKo GmbH wird zunächst nur Besitzer und erst bei vollständiger Bezahlung Eigentümer der Ware.*
(5) *Es handelt sich nicht um einen Eigentumsvorbehalt, da der Begriff „Eigentumsvorbehalt" nicht im Angebotstext auftaucht.*

Aufgabe 14 **B**

Einem Abteilungsleiter der BüKo GmbH wurde Prokura erteilt. Für welchen Vorgang muss er dennoch eine zusätzliche Genehmigung einholen? ☐

(1) *Abschluss eines Kaufvertrages*
(2) *Erteilung einer Handlungsvollmacht*
(3) *Verkauf eines Grundstückes*
(4) *Übernahme einer Wechselverbindlichkeit*
(5) *Vertretung in einem gerichtlichen Rechtsstreit*

Aufgabe 15 **B**

Welches der folgenden Rechte steht dem Prokuristen zu? ☐

(1) *Inventar und Bilanz unterschreiben*
(2) *Gesellschafter aufnehmen*
(3) *Handlungsvollmacht erteilen*
(4) *Prokura erteilen*
(5) *Verkauf der Unternehmung*

Aufgabe 16 **B**

Ein Kunde hat eine ordnungsgemäß gelieferte Ware nicht angenommen.
Welche der folgenden Aussagen ist zutreffend? ☐

(1) *Der Lieferer muss die Ware auf eigene Kosten und Gefahr in einem öffentlichen Warenhaus hinterlegen.*
(2) *Der Lieferer kann nur bei leicht verderblicher Ware ohne Fristsetzung veräußern.*
(3) *Der Lieferer muss stets auf Abnahme klagen.*
(4) *Der Lieferer muss stets ein zweites Mal anbieten.*
(5) *Der Lieferer muss in jedem Fall vor dem Verkauf der Ware den Kunden um Einverständnis bitten.*

Aufgabe 17 **B**

Ein Lieferant der BüKo GmbH liefert nicht zum vereinbarten Zeitpunkt. Stellen Sie fest, welche der folgenden Rechte die BüKo GmbH im Falle der Nicht-rechtzeitig Lieferung (Lieferungsverzug) nicht geltend machen kann? ☐

(1) *Nach angemessener Nachfrist vom Vertrag zurücktreten*
(2) *Lieferung mit angemessener Nachfrist verlangen und Schadenersatzansprüche geltend machen*
(3) *Lieferung nach angemessener Nachfrist ablehnen und Schadenersatz verlangen*

(4) *Nach angemessener Nachfrist vom Vertrag zurücktreten und/oder Schadenersatz statt Leistung verlangen*
(5) *Sofort vom Vertrag zurücktreten, ohne eine Nachfrist zu setzen*

Aufgabe 18
B

Welche der folgenden Aussagen zur Rechts- und Geschäftsfähigkeit sind falsch (zwei Antworten)?

(1) *Rechtsfähigkeit ist die Fähigkeit, Träger von Rechten und Pflichten zu sein.*
(2) *Geschäftsfähigkeit ist die Fähigkeit, Rechtsgeschäfte wirksam abschließen zu können.*
(3) *Geschäftsfähigkeit meint die Fähigkeit, Willenserklärungen rechtswirksam abgeben zu können.*
(4) *Ein dauernd geisteskranker 22-Jähriger, der entmündigt wurde, ist geschäftsunfähig.*
(5) *Ein acht Tage altes Kind kann nicht steuerpflichtig sein.*
(6) *Ein 12-jähriges Kind kann Eigentümer einer Unternehmung sein.*
(7) *Juristische Personen sind nicht rechtsfähig, sie sind nur voll geschäftsfähig.*

Aufgabe 19
B

Welches Rechtsgeschäft kann ein 17-Jähriger ohne Zustimmung seines gesetzlichen Vertreters rechtswirksam vornehmen?

(1) *Er meldet sich verbindlich zu einer kostenlosen Fortbildungsveranstaltung an.*
(2) *Er nimmt einen Kredit auf, um sich eine Stereoanlage kaufen zu können.*
(3) *Er schließt einen Berufsausbildungsvertrag ab.*
(4) *Er kauft einen Computer und bezahlt diesen in drei Raten.*
(5) *Er schließt einen Bausparvertrag ab.*

Aufgabe 20
B

Bei welcher Rechtsform einer Unternehmung gibt es Vollhafter und Teilhafter?

(1) *GbR*
(2) *OHG*
(3) *AG*
(4) *GmbH*
(5) *GmbH & Co. KG*

Sachverhalt

Sachverhalt zur 21. bis 25. Aufgabe

Die Auszubildende Birgit Schmidt, geboren am 09.08.1997, absolviert bei der BüKo GmbH eine Ausbildung zur Kauffrau für Bürokommunikation. Ihr Berufsausbildungsverhältnis endet zum 31.07.2015. Am 05.05.2015 schließt Frau Schmidt rechtswirksam einen Arbeitsvertrag mit der BüKo GmbH ab. Sie verpflichtet sich, sofort nach bestandener Abschlussprüfung dort zu arbeiten. Am 09.05.2015 nimmt Frau Schmidt an der schriftlichen Abschlussprüfung teil.

Aufgabe 21
C

Frau Schmidt möchte am 08.05.2015 freigestellt werden, um sich zuhause noch einmal intensiv auf die Prüfung vorzubereiten. Muss die BüKo GmbH diesen freien Tag gewähren? Prüfen Sie dies auch anhand des abgebildeten Gesetzesauszugs.

(1) *Die BüKo GmbH muss Frau Schmidt freistellen, wenn der Tag vor der Prüfung ein Berufsschultag ist.*
(2) *Die BüKo GmbH muss Frau Schmidt freistellen, wenn der Prüfungstag ein Berufsschultag ist.*
(3) *Die BüKo GmbH muss Frau Schmidt freistellen, weil sie zum Prüfungszeitpunkt noch minderjährig ist.*
(4) *Die BüKo GmbH muss Frau Schmidt freistellen. Diese muss den ausgefallenen Tag allerdings nacharbeiten.*
(5) *Die BüKo GmbH muss Frau Schmidt freistellen, sie muss sich dafür allerdings einen Urlaubstag anrechnen lassen.*

Auszug aus dem JArbSchG

§ 10 Prüfungen und außerbetriebliche Ausbildungsmaßnahmen

(1) Der Arbeitgeber hat den Jugendlichen

1. für die Teilnahme an Prüfungen und Ausbildungsmaßnahmen, die auf Grund öffentlich-rechtlicher oder vertraglicher Bestimmungen außerhalb der Ausbildungsstätte durchzuführen sind,
2. an dem Arbeitstag, der der schriftlichen Abschlussprüfung unmittelbar vorangeht,

freizustellen.

§ 11 Ruhepausen, Aufenthaltsräume

(1) Jugendliche müssen im voraus feststehende Ruhepausen von angemessener Dauer gewährt werden. Die Ruhepausen müssen mindestens betragen

1. 30 Minuten bei einer Arbeitszeit von mehr als viereinhalb bis zu sechs Stunden,
2. 60 Minuten bei einer Arbeitszeit von mehr als sechs Stunden.

Als Ruhepause gilt nur eine Arbeitsunterbrechung von mindestens 15 Minuten.

(2) Die Ruhepausen müssen in angemessener zeitlicher Lage gewährt werden, frühestens eine Stunde nach Beginn und spätestens eine Stunde vor Ende der Arbeitszeit. Länger als viereinhalb Stunden hintereinander dürfen Jugendliche nicht ohne Ruhepause beschäftigt werden.

Aufgabe 22 C

Frau Schmidt wird von Montag bis Donnerstag jeweils von 8:00 Uhr bis 17:00 Uhr beschäftigt. Wann muss sie an diesen Tagen spätestens eine Pause bekommen? Prüfen Sie dazu auch den oben stehenden Gesetzesauszug.

☐

(1) um 9:00 Uhr
(2) um 11:00 Uhr
(3) um 12:00 Uhr
(4) um 12:30 Uhr
(5) um 13:00 Uhr

Aufgabe 23 C

Frau Schmidt besteht am 28.06.2015 ihre Abschlussprüfung. Wann kann Frau Schmidt frühestens bei der BüKo GmbH anfangen?

☐

(1) Nachdem sie sich die Zustimmung bei der IHK geholt hat.
(2) Am 28.06.2015, also am letzten Prüfungstag der Abschlussprüfung.
(3) Am 29.06.2015, also am ersten Tag nach dem Bestehen der Abschlussprüfung.
(4) Am 01.07.2015, also zu Beginn des Folgemonats der bestandenen Abschlussprüfung.
(5) Am 01.08.2015, da der Ausbildungsvertrag bis zum 31.07.2015 läuft.

Aufgabe 24 C

Mit Beginn der Ausbildung von Frau Schmidt wurde für sie eine Personalakte angelegt. Welche Unterlage muss unbedingt in der Personalakte aufbewahrt werden?

☐

(1) Die Geburtsurkunde
(2) Das Abschlusszeugnis der vorher absolvierten, allgemeinbildenden Schule
(3) Die Bewerbungsunterlagen
(4) Der Nachweis über die ärztliche Erstuntersuchung nach Jugendarbeitsschutzgesetz
(5) Eine Kopie des Personalausweises

Aufgabe 25
C

Frau Schmidt erhält nach Abschluss ihrer Ausbildung ein sozialversicherungspflichtiges Gehalt von 2.150,00 EUR. Welcher der folgenden Abzüge gehört nicht zu den gesetzlichen Sozialversicherungen?

(1) Rentenversicherung
(2) Krankenversicherung
(3) Haftpflichtversicherung
(4) Pflegeversicherung
(5) Arbeitslosenversicherung

Aufgabe 26
D

Abbildung zu Aufgabe 26

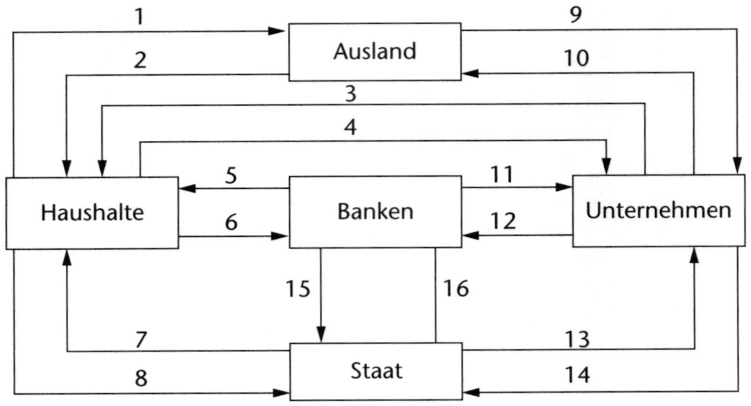

Ordnen Sie den oben stehenden Zahlungsvorgängen die zugehörigen Ziffern aus der folgenden Skizze eines erweiterten Wirtschaftskreislaufes zu.

(1) Ein Unternehmen überweist die fällige Körperschaftssteuer an das Finanzamt.

(2) Ein Privatmann legt seine Ersparnisse auf ein Tagesgeldkonto bei seiner Bank an.

(3) Ein Unternehmen nimmt seinen Kontokorrentkredit bei seiner Bank in Anspruch.

(4) Das Vorstandsmitglied einer Aktiengesellschaft überweist seine Einkommenssteuer.

(5) Ein deutsches Unternehmen erhält die zweite Rate aus einem Geschäft mit einem chinesischen Importeur.

Aufgabe 27
D

Angenommen die Bundesregierung plant, die Kosten der Unternehmen zu senken, um sie international wettbewerbsfähiger zu machen.
Für welche der folgenden Maßnahmen müsste sie sich entscheiden?

(1) Erhöhung der Werbungskostenpauschale
(2) Senkung der Abschreibungssätze
(3) Senkung der Einkommenssteuer
(4) Senkung des Beitragssatzes zur Arbeitslosenversicherung
(5) Erhöhung der Umsatzsteuer

Aufgabe 28
D

Die Automation in der Möbelindustrie nimmt immer mehr zu. Welche Form der Arbeitslosigkeit wird sich daraus ergeben?

(1) Saisonale Arbeitslosigkeit
(2) Konjunkturelle Arbeitslosigkeit
(3) Strukturelle Arbeitslosigkeit
(4) Technologische Arbeitslosigkeit
(5) Friktionelle Arbeitslosigkeit

Konjunkturphasen kennzeichnen das Auf und Ab des Wirtschaftswachstums einer Volkswirtschaft. Welche der folgenden Entwicklungen weist auf eine Rezession hin? ☐

Aufgabe 29
D

(1) steigende Staatseinnahmen
(2) Rückgang des privaten Konsums
(3) Rückgang der Lagerbestände der Unternehmen
(4) hohe Kapazitätsauslastung der Unternehmen
(5) steigender Import

Mit welcher der folgenden Maßnahmen kann die Europäische Zentralbank (EZB) tendenziell eine Konjunkturbelebung unterstützen? ☐

Aufgabe 30
D

(1) Erhöhung des Mindestreservesatzes
(2) Verkauf von Wertpapieren an die Geschäftsbanken über die Deutsche Bundesbank
(3) Senkung des Zinssatzes für die Refinanzierungsgeschäfte der Geschäftsbanken
(4) Erhöhung der Sicherheitsanforderungen für Wertpapiergeschäfte
(5) Verringerung der Geldmenge durch eine restriktive Geldpolitik

1. Klausur

Lösungen Betriebslehre

Aufgabe 1	6080 2600 an 4405
Aufgabe 2	6140 2600 an 4401
Aufgabe 3	Buchung am 24.09. 4405 an 2800 6082 2600 Buchung am 26.09. 4401 an 2800
Aufgabe 4	87,53 EUR $\left[(89{,}00 \cdot 0{,}97) + \left(\frac{24{,}00}{20}\right)\right]$
Aufgabe 5	22 Tage
Aufgabe 6	24,54 EUR $\left[\frac{4.723{,}40 \cdot 8{,}5 \cdot 22}{100 \cdot 360}\right]$
Aufgabe 7	121,54 EUR [(4.869,48 – 4.723,40) – 24,54]
Aufgabe 8	2402 an 5100 4800
Aufgabe 9	2800 5101 4800 an 2402
Aufgabe 10	70,20 EUR [35,10 · 2]
Aufgabe 11	83,54 EUR [70,20 · 119 %]
Aufgabe 12	3001 an 5421 4800
Aufgabe 13	5.250,00 EUR $\left[\frac{4.620{,}00 \cdot 100}{88}\right]$
Aufgabe 14	1
Aufgabe 15	2, 3, 6, 5, 1, 7, 4
Aufgabe 16	4

Aufgabe 17	3
Aufgabe 18	3
Aufgabe 19	5
Aufgabe 20	4
Aufgabe 21	4
Aufgabe 22	1
Aufgabe 23	3, 1, 2, 5, 4
Aufgabe 24	2650 an 2880
Aufgabe 25	6420 an 2800
Aufgabe 26	5
Aufgabe 27	3, 5
Aufgabe 28	3
Aufgabe 29	7 [140 · 0,05]
Aufgabe 30	720,00 EUR $\left[4 \cdot 180{,}00 \text{ EUR} \left(\frac{3}{140} = 2{,}1\ \%\right)\right]$
Aufgabe 31	2, 5
Aufgabe 32	4

Aufgabe 1	2403 an 5000 4800
Aufgabe 2	5001 4800 an 2403
Aufgabe 3	6821 an 2880
Aufgabe 4	4, 3, 5, 2, 1, 6 Alternativ: 5, 4, 3, 2, 1, 6
Aufgabe 5	1
Aufgabe 6	1.150.000 EUR [8.600.000 – 7.800.000 + 400.000 – 50.000]
Aufgabe 7	20 Tage
Aufgabe 8	13,04 EUR $\left[\frac{2.470 \cdot 9{,}5 \cdot 20}{100 \cdot 360}\right]$
Aufgabe 9	63,36 EUR [(2.546,60 – 2.470,20) – 13,04]
Aufgabe 10	6080 6081 2600 an 4403
Aufgabe 11	115,00 [85,00 + (15 % v. 85,00 = 12,75) = 97,75 + (97,75 ≙ 85 %; x ≙ 15 %; $x = \frac{97{,}75 \cdot 15}{85} = 17{,}25$) 97,75 + 17,25 =115,00]
Aufgabe 12	5
Aufgabe 13	1.745.225,00 EUR
Aufgabe 14	660.075,00 EUR [1.745.225,00 – (532.250 + 552.900)]
Aufgabe 15	37,82 % $\left[\frac{660.075 \cdot 100}{1.745.225}\right]$
Aufgabe 16	5,21 % $\left[\frac{34.412 \cdot 100}{660.075}\right]$
Aufgabe 17	3
Aufgabe 18	3
Aufgabe 19	4
Aufgabe 20	5
Aufgabe 21	3, 1, 5
Aufgabe 22	3
Aufgabe 23	2
Aufgabe 24	1
Aufgabe 25	5, 3, 2
Aufgabe 26	1
Aufgabe 27	5
Aufgabe 28	4
Aufgabe 29	1
Aufgabe 30	5
Aufgabe 31	4
Aufgabe 32	5

Aufgabe 1	6080 6081 2600 an 4403
Aufgabe 2	4, 3, 1, 2, 5
Aufgabe 3	3
Aufgabe 4	52,50 [35,00 + 7,00 [20 % v. 35,00] = 42,00 + 10,50 [42 ≙ 80 %; x ≙ 20 %; $x = \frac{42 \cdot 20}{80} = 10{,}50$] = 52,50]
Aufgabe 5	01.06. $t = \frac{z \cdot 100 \cdot 360}{K \cdot p}$ $= \frac{840{,}00 \cdot 100 \cdot 360}{21.000{,}00 \cdot 8} =$ 180 Tage
Aufgabe 6	6870 2600 an 4404
Aufgabe 7	143,70 $\left[\frac{900{,}00 \cdot 19}{119}\right]$
Aufgabe 8	2880 an 5100 4800
Aufgabe 9	2650 an 5100 4800
Aufgabe 10	6800 2600 an 4405
Aufgabe 11	4840 an 2800
Aufgabe 12	2402 an 5100 4800
Aufgabe 13	6520 an 0700
Aufgabe 14	42.000 EUR $\left[\left(\frac{420.000}{5}\right) \cdot \left(\frac{6}{12}\right)\right]$
Aufgabe 15	5
Aufgabe 16	3

Aufgabe 17	4
Aufgabe 18	2
Aufgabe 19	1
Aufgabe 20	5, 6, 1
Aufgabe 21	6
Aufgabe 22	3
Aufgabe 23	4
Aufgabe 24	5
Aufgabe 25	3
Aufgabe 26	4
Aufgabe 27	2
Aufgabe 28	2
Aufgabe 29	2
Aufgabe 30	2
Aufgabe 31	4
Aufgabe 32	5

Aufgabe 1	2401 an 5100 4800
Aufgabe 2	6140 2600 an 4401
Aufgabe 3	5101 4800 an 2401
Aufgabe 4	5101 4800 an 2401
Aufgabe 5	2800 an 2401
Aufgabe 6	4
Aufgabe 7	3
Aufgabe 8	5
Aufgabe 9	2
Aufgabe 10	2
Aufgabe 11	0860 2600 an 4402
Aufgabe 12	4402 an 0860 2600 2800
Aufgabe 13	1.159,27 $\left[\left(\frac{1.439,10}{3}\right) \cdot \left(\frac{7}{12}\right) =\right.$ 279,83 (AfA 1. Jahr) 1.439,10 – 279,83 = 1.159,27]
Aufgabe 14	6520 an 0860
Aufgabe 15	1
Aufgabe 16	4

Aufgabe 17	5
Aufgabe 18	4
Aufgabe 19	2, 4, 6, 5, 3, 1
Aufgabe 20	3
Aufgabe 21	5
Aufgabe 22	1
Aufgabe 23	5
Aufgabe 24	1
Aufgabe 25	2
Aufgabe 26	2650 an 2880
Aufgabe 27	932,40 [17,00 · 152 + 17,00 · 1,25 · 6 = 2.584 + 127,50 = 2.711,50 – 1.179,10 – 600,00]
Aufgabe 28	2
Aufgabe 29	1
Aufgabe 30	4
Aufgabe 31	3
Aufgabe 32	5

Aufgabe 1	1
Aufgabe 2	4, 3, 1, 2, 5
Aufgabe 3	0860 an 4406 4800
Aufgabe 4	5, 4, 3, 2, 1, 6
Aufgabe 5	946,70 $\left[\left(2.803,81 + 32,00 + 13,30\right) = \frac{2.849,11}{3} = 949,70\right]$
Aufgabe 6	6520 an 0860
Aufgabe 7	2
Aufgabe 8	6030 2600 an 4407
Aufgabe 9	4
Aufgabe 10	6000 2600 an 4408
Aufgabe 11	6001 2600 an 4409
Aufgabe 12	4408 an 2800 6002 2600
Aufgabe 13	3.940,05 $[3.777,30 \cdot 0,98 + 238,30]$
Aufgabe 14	4840 an 2800
Aufgabe 15	1, 3, 4
Aufgabe 16	4
Aufgabe 17	16,67 $\left[315\ (262,50 + 52,50) \triangleq 100\ \%\right.$ $52,50 \triangleq x$ $\left.x = \frac{52,50 \cdot 100}{315}\right]$
Aufgabe 18	748.000 $\left[117\ \% \triangleq 875.160\right.$ $100\ \% \triangleq x$ $\left.x = \frac{875.160 \cdot 100}{117}\right]$
Aufgabe 19	3
Aufgabe 20	3
Aufgabe 21	2.667,90 $[168 \cdot 15,80 + 13,50]$
Aufgabe 22	1
Aufgabe 23	4
Aufgabe 24	3
Aufgabe 25	1
Aufgabe 26	2
Aufgabe 27	4
Aufgabe 28	3, 5, 2, 1, 4, 6
Aufgabe 29	2
Aufgabe 30	6, 1
Aufgabe 31	2
Aufgabe 32	2.592,00 $\left[\left(\frac{36}{60}\right) \cdot 360 \cdot 12\right]$

Auswertung der Testergebnisse Betriebslehre

Jede Aufgabe wird mit 3,125 Punkten bewertet $\left(\frac{100}{32}\right)$. Aufgaben mit mehreren Antworten werden anteilig bewertet.

Bsp. Klausur A, Aufgabe 23: drei Antworten richtig, zwei falsch: $\frac{3}{5}$ von 3,125 Punkten ergibt 1,875 Punkte.

Ab der Note 4,6 gilt die Prüfung als nicht bestanden. Die Note ergibt sich durch Zuordnung der erzielten Punktzahl in die folgende Tabelle.

Punkte	Note	
100 – 99	1,0	
98 – 97	1,1	
96	1,2	
95	1,3	**Note „Sehr gut“**
94	1,4	
93 – 92	1,5	
91	1,6	
90	1,7	
89	1,8	
88	1,9	
87	2,0	
86	2,1	**Note „Gut“**
85	2,2	
84	2,3	
83	2,4	
82 – 81	2,5	
80	2,6	
79	2,7	
78	2,8	
77	2,9	
76	3,0	**Note „Befriedigend“**
75 – 74	3,1	
73 – 72	3,2	
71 – 70	3,3	
69 – 68	3,4	
67	3,5	

Punkte	Note	
66	3,6	
65	3,7	
64	3,8	
63 – 62	3,9	
61 – 60	4,0	**Note „Ausreichend“**
59 – 58	4,1	
57 – 56	4,2	
55 – 54	4,3	
53 – 52	4,4	
51 – 50	4,5	
49 – 47	4,6	
46 – 45	4,7	
44 – 43	4,8	
42 – 41	4,9	
40	5,0	**Note „Mangelhaft“**
39	5,1	
38 – 37	5,2	
36 – 35	5,3	
34 – 33	5,4	
32 – 30	5,5	
29 – 25	5,6	
24 – 20	5,7	
19 – 15	5,8	**Note „Ungenügend“**
14 – 10	5,9	
9 – 0	6,0	

1. Klausur

Lösungen Bürowirtschaft

Aufgabe 1
13 Punkte

a) [4]
- Bezugsquellen ermitteln
- Angebote bei verschiedenen potentiellen Lieferanten einholen
- Angebote vergleichen
- Kopierer beim ausgewählten Lieferer bestellen

b) [6]
- Der „Mindestbestand" (auch „Sicherheitsbestand" oder „eiserner Bestand") ist der Lagerbestand, der nicht unterschritten werden darf, um die Produktion/Lieferung auch in Notfällen aufrechterhalten zu können.

- Bei Erreichen des „Meldebestandes" durch Entnahmen aus dem Lagerbestand wird bei der automatischen Disposition eine Meldung an den Einkauf zur Auffüllung des Lagers – durch eine Bestellung – ausgelöst. Der Meldebestand bestimmt somit den fälligen Bedarfszeitpunkt.
- Der „Höchstbestand" ist der Bestand, der maximal im Lager vorhanden sein darf, um hohe Kosten und eine hohe Kapitalbindung zu verhindern.

c) [3]
Meldebestand = (Tagesbedarf * Beschaffungszeit) + Mindestbestand
Für den Tischkopierer:
Meldebestand = (2 * 5) + 1 = 11

Aufgabe 2
13 Punkte

a) [4]
- Produkt- und Programm- bzw. Sortimentspolitik
- Preis- und Konditionenpolitik
- Kommunikationspolitik
- Distributionspolitik

b) [6]
- zeitliche Preisdifferenzierung: z. B. Sonderpreis für bestimmte Zeitintervalle
- räumliche Preisdifferenzierung: z. B. günstigere Preise im Ausland entsprechend der dortigen Gegebenheiten
- mengenmäßige Preisdifferenzierung: z. B. Gewährung von Mengenrabatten bei der Abnahme von größeren Mengen
- abnehmerorientierte Preisdifferenzierung: z. B. Gewährung günstigerer Preise beim Verkauf an große Handelsketten

c) Break even point (Gewinnschwelle) = $\frac{K_F}{p - k_v}$

[3] Für den Preis von 245,00 EUR: $\frac{200.000 \text{ EUR}}{245{,}00 \text{ EUR} - 135{,}60 \text{ EUR}}$

$$= \frac{200.000 \text{ EUR}}{109{,}40 \text{ EUR}} = 1.828{,}15 \text{ Stk.} \rightarrow$$

$1.828{,}15 \cdot 12 = 21.937{,}8 \rightarrow$ <u>21.938 Stück/Jahr</u>

Oder:

$$\frac{200.000 \text{ EUR} \cdot 12}{245{,}00 \text{ EUR} - 135{,}60 \text{ EUR}} = 21.937{,}84 \text{ Stück} \rightarrow$$ <u>21.938 Stück/Jahr</u>

Aufgabe 3
14 Punkte

a) Arbeiten beim Posteingang:
[10]
- Post vorsortieren (Briefe, Päckchen, Zeitschriften)
- Öffnen der Sendungen
- Entnahme des Inhalts
- Platzierung des Eingangsstempels
- Feinsortierung der Sendungen nach Empfänger
- Transport zum Empfänger

Arbeitsschritte beim Postausgang:
- Originale, Durchschläge und Anlagen zusammenbringen
- in die Unterschriftenmappe legen
- Schriftstücke trennen, Durchschläge in die Ablage
- Falten der Originale und Anlagen
- Kuvertieren
- Schließen der Umhüllung
- Wiegen der Sendung
- Frankieren der Sendung

b) [2]
- Kostenersparnis durch die Verwendung kleinerer und leichterer Versandhüllen
- Einsparung einer zusätzlichen Beschriftung bei Verwendung von Fensterbriefhüllen

c) [2] Der Freistempler kann zusätzlich mit einem Werbestempelaufdruck versehen werden. Die elektronischen Freistempler erlauben heute einen Werbeklischee-Schnellaustausch, durch den es möglich ist, auf verschiedene Produkte und Dienstleistungen der BüKo GmbH aufmerksam zu machen.

Aufgabe 4
10 Punkte

a) [2] Als „Dilemma der Ablaufplanung" bezeichnet man den Zielkonflikt zwischen der möglichst hohen Auslastung der Kapazitäten und der Minimierung der Durchlaufzeiten.

b) [8]
- Dauerbeobachtung: Hierbei hält ich der Beobachter über einen längeren Zeitraum am Ort des Geschehens auf und notiert seine Eindrücke.
- Multi-Moment-Aufnahme: Die Beobachtung erfolgt über eine große Anzahl von Stichprobenbetrachtungen von denen dann auf eine Gesamtbetrachtung geschlossen wird.
- Fragebogenmethode: Fragebögen, die auf die Situation abgestimmt sind, werden an die am Arbeitsablauf beteiligten Mitarbeiter verteilt und später ausgewertet.
- Interviewmethode: Der Organisator befragt die am Arbeitsablauf beteiligten Mitarbeiter und erhält durch ein genaues Nachfragen detaillierte Aufschlüsse.
- Selbstaufschreibung: Die jeweiligen Stelleninhaber erfassen über einen längeren Zeitraum entweder formfrei oder mithilfe eines Formulars die Details über ihre Arbeitstätigkeiten.

Aufgabe 5
10 Punkte

a) [4] Datensicherung: Sicherung von Daten und Programmen vor Zerstörung, Beschädigung, Löschung und unberechtigtem Zugriff
Datenschutz: Schutz des Bürgers vor unberechtigtem Zugriff und Missbrauch seiner personenbezogenen Daten

b) [6]
- personenbezogene Daten (Adressen, Geburtsdatum u. Ä.)
- Daten über rassische und ethnische Herkunft, die politische Meinung, religiöse oder philosophische Überzeugungen, die Gewerkschaftszugehörigkeit, die Gesundheit und das Sexualleben
- Gehaltsabrechnung
- Schulabschlusszeugnisse
- sonstige Qualifikationsnachweise
- Arbeitszeugnisse
- Fehlzeiten
- Beurteilungen
- u. a.

Aufgabe 6
16 Punkte

a) [2] 15.04. d. J.

b) [8] Vorteile:
- größere Auswahl
- bessere Qualifikation
- neuer Mitarbeiter bringt neue Ideen ein
- „Betriebsblindheit" kann überwunden werden
- keine neue freie Stelle durch Umsetzung eines Mitarbeiters
- u. a.

Nachteile:
- höhere Kosten
- Einarbeitungszeit notwendig
- höheres Risiko einer Fehlbesetzung
- einzelne Mitarbeiter fühlen sich übergangen
- führt ggf. allgemein zu Unzufriedenheit und sinkender Motivation bei eigenen Mitarbeitern wegen wegen fehlender Karriereperspektiven
- u. a.

c) [6] Assessment-Center: Bewerber sollen in einer ausgewählten Atmosphäre die Probleme ihrer zukünftigen Stelle simulieren.
Mögliche stellenbezogene Übungen:
Rollenspiel – Verhalten in bestimmten Situationen (z. B. Simulation von Verhandlungen mit Lieferanten)
Stresssituationen – Verhalten in Ausnahmesituationen
Präsentationsaufgaben – Wissen und Präsentation des Wissens
Arbeitsessen – Manieren usw.
Fragebögen – Gruppendiskussion – Interview
u. a.

Aufgabe 7
12 Punkte

a) [8]
- Seminarprogramm erstellen
- Liste der Referenten erstellen
- Zusage der Referenten einholen
- Einladungen und Seminarprogramm versenden
- Teilnahmeerklärungen auswerten
- Zimmerreservierungen für Referenten vornehmen
- Seminarraum vorbereiten
- Tischordnung festlegen
- Seminarunterlagen und Schreibmaterial auf die Tische verteilen
- Erfolgskontrolle durchführen, auswerten und besprechen
- u. a.

b) [4]
- Man kann mit ihnen Arbeitsvorgänge strukturieren.
- Sie helfen, nichts zu vergessen.
- Man muss sich in einen Arbeitsvorgang nicht erst hineindenken.
- Sie machen auch umfangreichere Aufgaben delegierbar.
- Sie sind ein probates Mittel gegen „Aufschieberitis". Ein häufiger Grund für das Aufschieben liegt darin, dass man nicht weiß, wie man eine Aufgabe am besten angeht.
- Durch Abhaken werden Arbeitsvorgänge dokumentiert.
- Sie zeigen Lösungswege für Probleme.
- Sie steigern die Effizienz.
- Mit einer Effizienzsteigerung geht in der Regel eine Kostenersparnis einher.

Aufgabe 8
12 Punkte

a) [6]
- Fachkompetenz
- Qualität der Erledigung von Aufgaben
- Arbeitstempo
- Fristgerechte Erledigung von Arbeitsaufträgen
- Einhaltung von Qualitätsstandards
- Teamfähigkeit
- u. a.

b) [6]
- Beurteilungsergebnisse können als Grundlage für die Personaleinsatzplanung dienen.
- Potentiale der Mitarbeiter werden frühzeitig und vollständig erfasst und können so besser ausgeschöpft werden.
- Personalentwicklungsmaßnahmen und Fortbildungsaktivitäten können gezielter durchgeführt werden.
- Beurteilungsergebnisse ermöglichen eine leistungsbezogene Vergütung.
- Mitarbeiter bekommen Feedback für ihre Arbeit und wissen, wie sie von Vorgesetzten gesehen werden.
- Mitarbeitermotivation kann durch Leistungsanreize gefördert werden.
- u. a.

Aufgabe 1
14 Punkte

a) [6]
- sinnvollen Zeitpunkt des Anrufes überlegen
- Schreibmaterial bereitlegen
- Rufnummer/n aus aktualisierten Telefonverzeichnissen entnehmen
- Unterlagen bereitlegen
- Wichtige Punkte und Fragen zusammenstellen; mögliche Antworten vorausdenkend für sich formulieren
- Unternehmen und eigene Person mit Namen vorstellen
- deutlich sprechen, Stimmführung variieren, nicht monoton antworten
- Engagement für die vertretene Sache spüren lassen, freundlich sein und am Telefon lächeln (so tun, als würde das Gespräch von Angesicht zu Angesicht stattfinden)

b) [8] Neben der Ebene des reinen Sachinhalts sind drei weitere, eher unterschwellige Kommunikationsebenen zu berücksichtigen:
Selbstoffenbarung: Was ist das für einer? Was ist mit ihm?
Beziehung: Wie redet der mit mir? Was hält er von mir?
Appell: Was erwartet er von mir? Was soll ich seiner Meinung nach tun, denken, fühlen?
Beispiel:
Chef: „Finden Sie nicht, dass Sie Defizite im Umgang mit dem PC haben?"
Sachinhalt: Sie haben Defizite im Umgang mit dem PC.
Selbstoffenbarung: Ich bin enttäuscht von Ihren Fähigkeiten.
Beziehung: Ich halte Sie für einen unfähigen Auszubildenden.
Appell: Tun Sie etwas gegen Ihre Defizite im Umgang mit dem PC!

Aufgabe 2
15 Punkte

a) [8] <u>Marktforschung:</u> systematische Marktuntersuchung mit wissenschaftlichen Methoden zur Beschaffung von bestimmten Informationen über das Nachfragerverhalten, die Wettbewerber, die Kaufkraft
<u>Marktanalyse</u>: einmalige Untersuchung des Marktes zu einem bestimmten Zeitpunkt im Hinblick auf bestimmte, bedeutsame Veränderungen, z. B. Kaufverhalten, Preisempfindlichkeit, Struktur der Kunden, Umsatzpotenzial u. a.
<u>Marktbeobachtung:</u> fortlaufende Beobachtung des Marktes und seiner Veränderungen über einen bestimmten, meist längeren Zeitraum
<u>Markterkundung:</u> unsystematische Durchleuchtung des Marktes durch Sammeln von Informationen aus Kundengesprächen, von Reisenden- und Vertreterberichten, von Messebesuchen, aus Prospektmaterial sowie Artikeln in Fachzeitschriften und im Wirtschaftsteil der Zeitungen u. Ä.

b) [4]
- Primärforschung: systematische Erfassung und Analyse von – speziell für den gewünschten Zweck – neu erhobenen Daten (Field Research)
- Sekundärforschung: systematische Erfassung und Analyse von bereits vorhandenen Daten (Desk Research)

Zwei Vorteile der Primärforschung gegenüber der Sekundärforschung:
z. B.
- die Datenerhebung ist auf die betriebseigenen Bedürfnisse zugeschnitten
- man ist nicht auf Fremdmaterial angewiesen (Fehlerquelle!)
- die neu erhobenen Daten sind aktueller

c) [3] Daten sind nur dann repräsentativ, wenn die untersuchte Stichprobe hinsichtlich der wichtigen Merkmale ein Abbild der Zielgruppe darstellt.
Nur wenn die erhobenen Daten repräsentativ sind, ist die Marktforschung aussagekräftig.

Aufgabe 3
14 Punkte

a) [2]
- mit Spezialisten besetzt, die die Entscheidungen der Instanzen vorbereiten
- keinerlei Weisungsbefugnis, sondern lediglich beratende Funktion

b) [2]
- Instanzen (Weisungsstellen)
- ausführende Stellen

c) [4] Vorteile des Stabliniensystems:
- Verbesserung der Entscheidungsqualität durch die Beratung durch kompetente Spezialisten
- Entlastung der Instanzen

Nachteile des Stabliniensystems:
- zusätzliche Kosten für zusätzliches Personal
- Stabsstellen können von den Linienstellen blockiert werden, da sie keine Weisungsberechtigung haben.

d) [6] Def. Matrixorganisation:
- Kombination zweier gleichberechtigter Hierarchieebenen: funktionsorientierte Organisation (z. B. Einkauf) und produktorientierte Organisation (z. B. Produktmanager)

- Weiterentwicklung des Mehrliniensystems, da jede Teilfunktion von zwei Entscheidungslinien beeinflusst wird

Vorteile der Matrixorganisation:
- Förderung der Teamarbeit
- Entlastung der Unternehmensleitung
- Verbesserung der Qualität von Problemlösungen durch das Einbringen verschiedener Denkansätze

Nachteile der Matrixorganisation:
- Gefahr von Kompetenzstreitigkeiten
- langwierige Abstimmungsprozesse notwendig
- zusätzliche Personalkosten durch die Einführung von Produktmanagern

Aufgabe 4
14 Punkte

a) [4]
- Mitarbeiter werden durch Aufstiegschancen motiviert.
- Das Risiko der Fehlbesetzung ist gering, da der Mitarbeiter bekannt ist.
- Der Mitarbeiter besitzt Betriebskenntnisse und kennt die Unternehmenskultur.
- Die freie Stelle kann schnell besetzt werden.
- Die Beschaffungskosten sind geringer als bei externer Besetzung.

b) [4]
- berufliche Qualifikation (z. B. abgeschlossene Berufsausbildung)
- einschlägige Berufserfahrung, die durch Arbeitszeugnisse belegt werden kann
- einschlägige Weiterbildungszertifikate
- spezielle für die Stelle erforderliche Qualifikationsnachweise (z. B. Erste-Hilfe-Kurs)
- u. a.

c) [6]
- Analyse der Art, Häufigkeit und Schwere der vermeidbaren Arbeitsunfälle
- Analyse der Ursachen für Arbeitsplatzunfälle, Arbeitswegeunfälle und ggf. auch Berufskrankheiten
- Kontrolle des Vorhandenseins und der Funktionstüchtigkeit von Schutzeinrichtungen
- Entwicklung von einem konkreten Maßnahmenkatalog zur Erhöhung der Arbeitssicherheit
- Beantragung und Beschaffung von sinnvollen zusätzlichen Schutzeinrichtungen
- Präsenz vor Ort zeigen, aufklären
- Durchführung von Mitarbeiterschulungen zum Thema Arbeitssicherheit
- u. a.

Aufgabe 5
10 Punkte

a) [4]
- Der Empfänger muss nicht auf die Postzustellung warten, sondern kann sich die Post selbst abholen.
- Der Empfänger kann die Post mehrmals am Tag in seinem Postfach abholen und kommt somit schneller an wichtige Informationen.

b) [6]
- Der Personalbedarf für die Posteingangsbearbeitung wird deutlich reduziert.
- Die Mitarbeiter der Poststelle werden weitgehend von monotoner Arbeit befreit.
- Die einzelnen Abteilungen werden schnellstens und laufend mit Informationen versorgt und können dadurch ihre Arbeit schneller bewältigen.
- Die Fehlerquellen bei der Abwicklung des Posteingangs werden gering gehalten.

Aufgabe 6
11 Punkte

a) [7]
- Termin absprechen und festlegen
- Tagungshotel auswählen
- Ansprüche an Tagungsraum klären (z. B. Technik)
- Tagungsraum begutachten
- Tagungsraum reservieren
- Programm erstellen
- Zeitplan erstellen
- Einladungen versenden
- Bewirtung organisieren
- Teilnehmerliste erstellen
- u. a.

b) [4]
- auftretende Probleme beim Ablauf der Veranstaltung können so beim nächsten Mal vermieden werden.
- Fehlerquellen in der Vorbereitung, Organisation und im Ablauf können systematisch identifiziert und für die Zukunft ausgemerzt werden.
- Der Erfolg der Veranstaltung kann (z. B. anhand des Auftragseingangs) beurteilt und so entschieden werden, ob sich die Durchführung derartiger Veranstaltungen für die BüKo GmbH rechnet.

Aufgabe 7
10 Punkte

a) [4]
- Auslandsgespräche können in der Regel direkt angewählt werden. Dazu benötigt man die Auslandsrufnummer, die vor die eigentliche Rufnummer gesetzt wird.
- Nach Wahl der Auslandsrufnummer kann es manchmal sehr lange dauern, bis das Rufzeichen ertönt. Es empfiehlt sich, etwas länger zu warten.
- Signaltöne klingen im Ausland oft anders, als wir dies gewohnt sind.
- Bei Ferngesprächen ins Ausland ist es wichtig, die von der MEZ abweichende Ortszeit zu kennen und die Zeitverschiebung zu berücksichtigen.

b) [2]
- Es handelt sich um Rufnummern von Telefonanlagen mit Durchwahlmöglichkeit.
- Mit der Durchwahl -0 erreichen wir die Telefonzentrale.
- Die -351 ist die Durchwahlrufnummer einer Nebenstelle.

c) [4]
- New York: Das Fax ist um 04:00 Uhr beim Empfänger.
- Sydney: Das Fax ist um 19:00 Uhr beim Empfänger.
- Moskau: Das Fax ist um 11:00 Uhr beim Empfänger.
- Montevideo: Das Fax ist um 06:00 Uhr beim Empfänger.

Aufgabe 8
12 Punkte

a) [2] 3,45 %
[41,4/12]

b) [4] Der Krankenstand war im Januar auf recht hohem Niveau (5,8 %) und sank dann kontinuierlich bis zum August (1,6 %). Ab August war dann wieder ein kontinuierlicher Anstieg zu verzeichnen. Mögliche Ursache für den Anstieg in den Wintermonaten sind Erkältungskrankheiten. Auch die Urlaubszeit in den Sommermonaten kann eine Rolle spielen. Weiterhin ist zu untersuchen, wie die Arbeitsbelastung der BüKo GmbH auf die einzelnen Monate des Jahres verteilt war, um mögliche Zusammenhänge mit dem Krankenstand identifizieren zu können.

c) [6]
- besondere körperliche Belastungen am Arbeitsplatz
- besondere psychische Belastungen am Arbeitsplatz
- schlechtes Betriebsklima
- hohe Arbeitsverdichtung führt zur Überforderung der Mitarbeiter
- schlechte Verteilung der Arbeitsbelastung
- organisatorische Mängel führen zu unnötiger Arbeitsbelastung
- Mobbing
- schwache Mitarbeitermotivation bis hin zur inneren Kündigung
- u. a.

3. Klausur

Aufgabe 1
13 Punkte

a) [4] Abflug Frankfurt am Main 08:50 Uhr Lufthansa Nr. 4156
Ankunft Paris/Ch. de Gaulle 10:00 Uhr
Abflug Paris/Orly 09:06 Uhr Lufthansa Nr. 4135
Ankunft Düsseldorf 10:15

b) [5]
- Ort und Zeitpunkt der Besprechung
- Abflug- und Ankunftszeiten
- Anschrift des Hotels
- Verkehrsverbindungen (genau bezeichnet)
- Teilnehmer an der Besprechung
- u. a.

c) [4]
- Flugkosten (falls nicht bereits von der BüKo GmbH gebucht)
- Fahrtkosten (Anfahrt zum Flughafen, Taxi in Paris)
- Übernachtungskosten
- Verpflegungsmehraufwendungen
- Bewirtung des Geschäftspartners
- Nebenkosten (z. B. Parkgebühren, Telefon- und/oder Internetnutzungsentgelte bei Nutzung der hoteleigenen Anlagen)
- u. a.

Aufgabe 2
17 Punkte

a) [2] Betriebssystem

b) [5]
- Word
- Excel
- PowerPoint
- Access
- Outlook

c) [8] Vorteile:
- schnellere Kommunikation und Informationen
- Zeitersparnis
- Kostenersparnis
- umfassende Anhänge in digitaler Form möglich

Nachteile:
- Durch die Tendenz zu sehr umfangreichem E-Mail-Verteiler erhält man Informationen, die man nicht benötigt.
- Überschwemmung mit Spam-E-Mails (unerwünschte Werbe-E-Mails)
- Gefahr der Infizierung mit Viren
- Ablenkung von der Arbeit durch zu häufige Unterbrechung, um den aktuellen E-Mail-Eingang zu lesen

d) [2]
- aktuelle Antivirus-Software installieren
- Firewall aktivieren

Aufgabe 3
12 Punkte

a) [4] Plantafel: Terminübersicht über Planungsperiode mittels Magnet- oder Stecktafel (z. B. nutzbar für Personaleinsatz, Termin- oder Urlaubsplanung)
Terminkalender: Jahres-, Monats- und Tageskalender als Wand-, Tisch- oder Taschenkalender (Planung von kurz-, mittel- bis langfristigen Terminen)
Terminmappe: Ergänzung zum Terminkalender, für jeden laufenden Monat, zur Aufbewahrung von Schriftstücken zur Wiedervorlage
Elektronisches Terminverwaltungsprogramm: Bei einer Vernetzung können vom PC aus alle zugänglichen Termine abgerufen werden. Dadurch ist eine schnelle Terminabstimmung und -planung möglich und zeitraubende Absprachen entfallen.

b) [5] „ALPEN"-Methode:
- ***A***ufgabe, Aktivität bzw. Termin aufschreiben (To-do-Liste)
- ***L***änge (Zeitbedarf) der Aufgabe schätzen
- ***P***ufferzeit für Unvorhergesehenes einplanen
- ***E***ntscheidungen über Prioritären, Delegationsmöglichkeiten u. Ä. treffen
- ***N***achkontrolle, welche Aufgaben erledigt wurden bzw. auf den nächsten Tag übertragen werden müssen

c) [5] Das auf den italienischen Ökonomen Vilfredo Pareto zurückzuführende Pareto-Prinzip besagt, dass mit 20 % Zeitaufwand 80 % der Ergebnisse erzielt werden können, wenn die richtigen Schwerpunkte gesetzt werden. Es ist also wichtiger, die richtige Arbeit zu tun, als irgendeine Arbeit „richtig" zu tun.

Aufgabe 4
12 Punkte

a) Mindestanforderungen:
[5]
- Ein dynamisches statt einem fixierten Sitzen sollte möglich sein.
- Der Arbeitsplatz muss genügend Beinfreiheit und Bewegungsfreiheit bieten.
- Tisch und Stuhl sollten der Arbeitshöhe angepasst werden können.
- Der Mitarbeiter darf durch den Arbeitsplatz nicht behindert, sondern muss durch ihn unterstützt werden.
- Eine gute Übersicht und ein schneller Zugriff auf die Arbeitsmittel sollten gegeben sein.
- Der Arbeitsablauf sollte weder durch Blendung noch durch Störungen beeinträchtigt werden.

b)
[4]
- mindestens 5 Rollen, um Standsicherheit zu gewährleisten
- Armlehnen, um Ermüdung vorzubeugen
- eine stufenlose Verstellbarkeit der Sitzhöhe von 42 bis 53 cm
- eine permanent neigbare Rückenlehne, die mindestens bis unter die Schulterblätter reicht
- eine Rückenlehne mit integrierter Stütze für den Lendenwirbelbereich
- eine anatomisch geformte, neigbare Sitzfläche
- eine Sitzfederung, die beim Hinsetzen die Wirbelsäule abfedert

c) Beispiele, wie der Gesetzgeber prüfend Einfluss nimmt:
[3]
- Berufsgenossenschaft: Wurden die Sicherheitsregeln für Büroarbeitsplätze bzw. Bildschirmarbeitsplätze eingehalten?
- Arbeitsstättenverordnung: Wurden die geforderten Vorschriften bei der Einrichtung eines Arbeitsplatzes berücksichtigt?
- Bildschirmarbeitsplatzverordnung: Wird auf die evtl. körperliche und/oder psychische Überlastung an Bildschirmarbeitsplätzen eingegangen?
- Jugendarbeitsschutzgesetz/Mutterschutzgesetz/Schwerbehindertengesetz: Sind die besonderen Personengruppen geschützt?

Aufgabe 5
13 Punkte

a) Horizontale Diversifikation ist die Ausweitung des Absatzprogramms auf Produkte der gleichen Wirtschaftsstufe, der gleichen Branche und dem gleichen technischen Wissen.
[2] Hier: Herstellung von anderen Büroeinrichtungsgegenständen neben bisher angebotenen (z. B. Hängeregistraturschränke o. Ä.)

b) Programm- bzw. Sortimentspolitik
[1]

c)
[2]
- Eintritt in neue, rentablere Märkte
- effizientere Auslastung der Unternehmensressourcen
- Realisierung von Synergieeffekten
- Reduzierung von Abhängigkeiten
- Stabilität gegenüber Nachfrageschwankungen
- Umsatzwachstum
- u. a.

d) Handlungsreisende sind fest angestellte Mitarbeiter eines Unternehmens (streng weisungsgebunden), die in fremdem Namen und auf fremde Rechnung Geschäfte vermitteln oder abschließen. Sie haben einen Arbeitsvertrag und erhalten ein Festgehalt, eine Umsatzprovision und Spesen.
[3] Handelsvertreter sind selbstständige Kaufleute, die ständig damit betraut sind, in fremdem Namen und für fremde Rechnung Geschäfte zu vermitteln und abzuschließen. Sie schließen einen Vertretungsvertrag (Agenturvertrag) mit dem Unternehmen für das sie arbeiten und erhalten eine Umsatzprovision sowie den Ersatz ihrer Aufwendungen.

e) $35.000 + 0{,}03 \cdot x = 0{,}09 \cdot x$
[5] $0{,}06 \cdot x = 35.000$

$x = 583.333{,}33$ EUR (kritischer Umsatz/Monat)

$583.333{,}33 \cdot 12 = 6.999.999{,}96$ EUR (kritischer Jahresumsatz)

Der kritische Umsatz ist der Umsatz, bei dem der Einsatz von Handlungsreisenden und Handelsvertretern die gleichen Kosten verursachen. Erst ab einem Umsatz von 6.999.999,96 EUR lohnt sich der Einsatz von Handlungsreisenden.

Aufgabe 6
12 Punkte

a)
[8]

Beschreibung der Sendung		Format, Sendungsart und evtl. Sendungsform
1.	Eine Uhr soll versichert versendet werden. Sie passt in eine Versandtasche B5.	Postpaket, B5, Transportversicherung
2.	Eine wichtige Mitteilung soll an einen ehemaligen Mitarbeiter versendet werden. Das Dokument, in dem der Mitarbeiter den Erhalt bestätigt, soll dem Absender wieder zugehen.	Standardbrief, Einschreiben mit Rückschein
3.	Eine CD-ROM wird in einer gepolsterten Versandtasche versendet. Der Postbote soll einen Betrag bei Aushändigung des Briefes einziehen und an die BüKo GmbH überweisen.	Großbrief, C5, per Nachnahme
4.	Eine Kündigung (A4) soll im Wickelfalz nur dem Empfänger persönlich ausgehändigt werden.	Standardbrief, (Übergabe-) Einschreiben, eigenhändig

b) [4]
- zum späteren Vergleich von Ausfertigungsdatum des Briefes, Datum des Poststempels und Tag des Eingangs,
- zum Vergleich des Eingangs-, Ausgangs- und Poststempeldatums bei Terminsachen,
- zur Kontrolle der innerbetrieblichen Durchlaufzeit, so z. B. wenn Schriftstücke von mehreren Mitarbeitern/-innen bearbeitet werden,
- als Nachweis und Feststellung des Eingangsdatums

Aufgabe 7
9 Punkte

a) [3]
- Die allgemeine Handlungsvollmacht ermächtigt zur Vornahme aller gewöhnlichen Rechtsgeschäfte.
- Die Artvollmacht berechtigt zur Vornahme einer bestimmten und immer wiederkehrenden Art von Rechtsgeschäften.
- Die Einzelvollmacht berechtigt zur Vornahme nur eines Rechtsgeschäfts. Nach Erledigung des Rechtsgeschäfts erlischt die Vollmacht.

b) [3]
- Handlungsvollmacht erteilen
- Prozesse führen
- Grundstücke kaufen
- Darlehen aufnehmen

c) [3]
- Prokura erteilen
- neue Gesellschafter aufnehmen
- Insolvenzverfahren beantragen
- Bilanz oder Steuererklärung unterschreiben

Aufgabe 8
12 Punkte

a) [4]
- Tageswert (z. B. Wurfsendungen wie Werbeprospekte): keine Aufbewahrung
- Prüfwert (z. B. Angebote ohne Auftragsfolge): betriebliche Aufbewahrung ein Monat bis drei Jahre
- Gesetzeswert (z. B. Belege, Bilanz): Aufbewahrung je nach gesetzlicher Vorschrift sechs bis zehn Jahre
- Archivwert (z. B. Gesellschaftsvertrag, Gründungsaktien): unbegrenzte Aufbewahrung

b) [2]
- Einzelakte: Schriftgut einzelner Vorgänge
- Sammelakte: Schriftgut vieler gleichartiger Vorgänge

c) [6]
- liegende Ablage (Behälter liegen waagerecht aufeinander in einem Fach)
  Vorteil: preisgünstig
  Nachteile: schwerfällig, fehlende Übersicht
- stehende Ablage (Stehordner, Stehsammlerablage)
  Vorteile: gute Übersicht, sicher, preiswert, schneller Zugriff
  Nachteile: hoher Raumbedarf, ungenutzter Raum bei halbvollen Ordnern, unflexibel
- hängende Ablage (Hängeregistratur, Pendelregistratur)
  Vorteile: übersichtlich, flexibel, ideale Loseblattablage
  Nachteile: hohe Beschaffungskosten, großer Raumbedarf

Aufgabe 1
16 Punkte

a) [8]
- kürzere Bearbeitungszeiten: Es muss weniger überlegt, formuliert, geschrieben und korrigiert werden.
- vereinfachte Sortierung und Auswertung: Vordrucke können so gestaltet werden, dass die relevanten Informationen sehr schnell erfasst werden können (z. B. bei Reisekostenabrechnungen).
- vollständige Informationsweitergabe in logischer Reihenfolge: Beispielsweise kann mit einem Personalfragebogen sichergestellt werden, dass ein Bewerber alle Fragen beantwortet, die für die Einstellung erforderlich sind.
- Steuerung des Informationsflusses: Ein vorher festgelegter Verteiler stellt sicher, dass keine Stelle übergangen wird.
- Einsparung von Portokosten: Bei der externen Kommunikation kann z. B. mit vorgedruckten Postkarten gearbeitet werden.

b) [8] <u>Inhaltliche Anforderungen:</u>
- Die auf dem Vordruck zu lesenden Informationen müssen verständlich und rasch zu erfassen sein.
- Der Aufbau des Vordrucks muss dem Arbeitsablauf entsprechen.
- Wenn auf dem Vordruck zwischen mehreren Möglichkeiten ausgewählt werden kann, müssen diese präzise formuliert sein.
- Die Leittexte müssen passend und sinnvoll angeordnet sein.
- Das Versenden des Vordrucks sollte rationell möglich sein.

<u>Formale Anforderungen:</u>
- Gut leserliche Schriftart und Schriftgröße
- Texte gliedern und nummerieren
- Fließtext vermeiden, stattdessen mit Aufzählungen arbeiten
- Auswahlkästchen zum Ankreuzen der Auswahlmöglichkeiten vorsehen
- Leittexte sinnvoll platzieren (oben links), damit sie während des Ausfüllens gelesen werden können.
- Loch- und Falzmarkierungen vorsehen
- DIN-Formate verwenden

Aufgabe 2
11 Punkte

a) [6]
- falzen
- kuvertieren
- schließen
- automatisches Mitverpacken von Beilagen
- Zählen der Sendungen
- Stapeln der Umschläge
- frankieren

b) [5]
- Ein Freistempler ist eine Postbearbeitungsmaschine, die das Freimachen von Sendungen mit Postwertzeichen durch den Abdruck des Freistempels ersetzt.
- Wertkartensystem: Der Postkunde kauft Wertkarten aus dünnem Karton oder Plastik, die in die Frankiermaschine eingelegt werden.
- Wertvorgabesystem: Der Postkunde bezahlt einen Wertvorgabebetrag. Der Wertvorgabeteil wird auf diesen Betrag eingestellt und verplombt.

Aufgabe 3
12 Punkte

a) [6]

0800 345141	Freecall, die Verbindung ist für den Anrufer kostenfrei;
<3887345>	Telefonnummer, die der Teilnehmer demnächst erhält;
Tel/Fax 476398	kombiniert genutztes Telefon- und Faxgerät
0180 333456	kostenpflichtige Servicenummer; der Anruf wird automatisch an die richtige Stelle im Bundesgebiet weitergeleitet, Gebühren richten sich nach der ersten nachfolgenden Ziffer;
0900 3552667	kostenpflichtige Servicenummer (Premiumdienst) mit deutlich erhöhten Gebühren, die sich nach der ersten nachfolgenden Ziffer richten;
§ 6458923	Kunde hat der Eintragung in elektronische Verzeichnisse und/oder über die Rufnummer hinausgehender Auskunft widersprochen und wünscht die Kennzeichnung.

b) [6] Anklopfen: Durch ein akustisches oder optisches Signal kann der Teilnehmer erkennen, dass ein weiterer Anrufer versucht, ihn zu erreichen. Das bereits laufende Telefonat kann unterbrochen werden und es kann Rücksprache mit dem Anklopfenden gehalten werden. Die Fortsetzung des ursprünglichen Gesprächs ist anschließend wieder möglich.
Anrufweiterleitung/Rufumleitung: Eingehende Anrufe werden auf einen anderen Anschluss oder auf ein Handy weitergeleitet.

Rufnummernübermittlung: Auf dem Display seines Telefons kann der Angerufene die Rufnummer und (falls abgespeichert) den Namen des Anrufers sehen. Es besteht jedoch für den Anrufer auch die Möglichkeit, die Rufnummer zu unterdrücken.
Dreierkonferenz: Drei Teilnehmer können gleichzeitig miteinander telefonieren.
Makeln: Ein beliebiges Hin- und Herwechseln zwischen zwei Anrufern ist möglich. Diese können allerdings nicht miteinander sprechen.
Sperrschloss: Mit dieser Funktion soll vor unbefugter Benutzung geschützt werden. Der Teilnehmer kann jedoch weiterhin Anrufe entgegennehmen.

Aufgabe 4
10 Punkte

a) [5]
- Nähe zur BüKo GmbH
- Parkmöglichkeiten
- Größe des Versammlungsraums
- geeignete Möblierung
- Preis
- Bereitstellung technischer Hilfsmittel (z. B. Beamer, Leinwand u. Ä.)
- u. a.

b) [5]
- Anlass der Veranstaltung
- Datum der Veranstaltung
- Beginn und Ende der Veranstaltung
- Veranstaltungsort
- Wegbeschreibung
- Parkmöglichkeiten
- Hinweis auf Tagesordnung/Programm
- u. a.

Aufgabe 5
13 Punkte

a) [4]
- Preis- und Konditionenpolitik: Festlegung der Preise und Preisstrategien sowie der Zahlungsbedingungen
- Produktpolitik: Alle Gestaltungsmöglichkeiten, was das eigentliche Produkt angeht (z. B. Qualität, Verpackung, Service etc.)
- Distributionspolitik: Entscheidung bez. der Absatzwege, Vertriebssysteme und Absatzorgane
- Kommunikationspolitik: Alle Maßnahmen, die die Kommunikation mit dem Kunden und der Öffentlichkeit betreffen (Werbung, Public Relations, Sales Promotion etc.)

b) [2]
Penetrationsstrategie:
- Einführungspreis liegt relativ niedrig
- spätere Preiserhöhungen sind denkbar
- breite Käuferschichten sollen schnell gewonnen werden (schnelle Marktdurchdringung)

Skimmingstrategie:
- Preis bei der Neueinführung des Produkts wird hoch angesetzt
- betont Statuscharakter
- Konsumfreude zahlungsfreudiger Konsumenten soll angeregt werden

c) Break even point (Gewinnschwelle) = $\frac{K_F}{p - k_v}$

[3] Für den Preis von 396,00 EUR: $\frac{200.000 \text{ EUR}}{396{,}00 \text{ EUR} - 274{,}50 \text{ EUR}} =$

$$\frac{200.000 \text{ EUR}}{121{,}50 \text{ EUR}} = 1.646{,}09$$

$1.646{,}09 \cdot 12 = 19.753{,}08 \rightarrow$ 19.754 Stück/Jahr

Oder:

$$\frac{200.000 \text{ EUR} \cdot 12}{396{,}00 \text{ EUR} - 274{,}50 \text{ EUR}} = 19.753{,}09 \text{ Stück} \rightarrow \underline{19.754 \text{ Stück/Jahr}}$$

d) [4]
- Produktinnovation
- Produktvariation
- Produktgestaltung
- Produktdifferenzierung
- Produktelemination

Aufgabe 6
12 Punkte

a) [2]
- Kooperativer Führungsstil: Der Vorgesetzte bezieht seine Mitarbeiter in das Betriebsgeschehen mit ein. Er erlaubt Diskussionen und erwartet sachliche Unterstützung. Bei Fehlern wird in der Regel nicht bestraft, sondern geholfen.
- „Management by exception": Das Management greift nur ein, wenn Abweichungen vom Gesamtziel oder Probleme von herausragender Bedeutung auftreten (Führen nach dem Ausnahmeprinzip).

b) [6]
- mehr Entscheidungsspielräume für Mitarbeiter führt zu höherer Motivation
- weniger Kontrolle führt zu höherer Arbeitszufriedenheit und größerer Eigeninitiative
- Mitarbeiter müssen mehr Verantwortung übernehmen; für manche Mitarbeiter wirkt sich dies motivierend aus, andere fühlen sich möglicherweise überfordert.
- höheres Maß an Teamarbeit
- Entfaltung von Kreativität wird begünstigt
- u. a.

c) [4]
- „Management by objectives": Vorgesetzte und Mitarbeiter erarbeiten eine Zielvereinbarung. Die Mitarbeiter versuchen, das Ziel eigenständig umzusetzen (Führen durch Zielvorgabe).
- „Management by delegation": Ein Aufgabenbereich wird mit Kompetenz und Verantwortung an den anderen Mitarbeiter übertragen (Führen durch Bevollmächtigung).
- „Management by decision rules": Es werden genaue Regeln festgelegt, nach denen diese Entscheidungen gefällt werden müssen (Delegation von Entscheidungsaufgaben).

Aufgabe 7
15 Punkte

a) [3]
- Der Betriebsrat hat bei Qualifizierungs- und Personalentwicklungsmaßnahmen ein Mitbestimmungsrecht.
- Gesetzliche Grundlage: Betriebsverfassungsgesetz

b) [6]
- Zustimmung zu Entscheidungen einholen
- Frühzeitige Einbindung der Betriebsräte in der Konzeptionsphase
- Einholen der Meinung des Betriebsrates
- Einbeziehung von Betriebsräten in den Entscheidungsprozess, z. B. Einladung zu Besprechungen, Workshops etc.
- Einarbeitung von Forderungen von Seiten des Betriebsrates
- frühzeitiges Eingehen auf Meinungsverschiedenheiten mit dem Ziel der frühzeitigen Klärung
- u. a.

c) [6]
- Verbesserung von Arbeitsabläufen
- Kosteneinsparungen durch schnellere Arbeitsabläufe und Vermeidung unnötiger Arbeiten
- Verbesserung der Qualität der Produkte, die zu Umsatzsteigerung führen
- Steigerung der Mitarbeitermotivation
- Schaffung von Anreizen, die Verbesserungspotentiale im Unternehmen aufzuspüren
- u. a.

Aufgabe 8
11 Punkte

a) [6]

Listenpreis	500,00 EUR	100 %	
– Liefererrabatt (10 % von LP)	50,00 EUR	– 10 %	
= Zieleinkaufspreis	450,00 EUR	90 %	100 %
– Liefererskonto (2 % vom ZEP)	9,00 EUR		– 2 %
= Bareinkaufspreis	441,00 EUR		98 %
+ Bezugskosten	39,00 EUR		
= Bezugspreis (= Einstandspreis)	480,00 EUR		

b) [5]
- Zahlungsbedingungen
- Lieferzeit
- Qualität
- Serviceleistungen (z. B. Ersatzteillieferung, Wartungsvertrag)
- technische Ausstattung
- Gewährleistung

5. Klausur

Aufgabe 1
16 Punkte

a) [6] Bereitstellung der betriebsnotwendigen Güter
- zum günstigsten Preis,
- in der gewünschten Menge,
- in der gewünschten Qualität,
- am richtigen Ort,
- zur rechten Zeit.

b) [6] Die Einkaufsabteilung bewegt sich ständig im Zielkonflikt zwischen hohen und niedrigen Beschaffungsmengen und der daraus resultierenden Problematik der optimalen Bestellmenge.

Große Beschaffungsmengen:
- günstige Preise durch die Wahrnehmung von Mengenrabatten
- geringe Beschaffungskosten, da geringerer Verwaltungsaufwand
- hohe Lagerkosten
- hohe Kapitalbindungskosten aufgrund der hohen Lagerbestände

Kleine Beschaffungsmengen:
- relativ hohe Preise
- hohe Beschaffungskosten, da großer Verwaltungsaufwand durch häufige Bestellungen
- niedrige Lagerkosten
- niedrige Kapitalbindungskosten aufgrund der niedrigen Lagerbestände

c) [4]
- Bestellpunktverfahren: Der Bestellzeitpunkt wird durch das Erreichen des Meldebestandes ausgelöst.
- Bestellrhythmusverfahren: Die Bestellungen erfolgen in festen Zeitintervallen unabhängig vom aktuellen Lagerbestand.
- Das Bestellpunktverfahren ist im Hinblick auf das Bestellrhythmusverfahren flexibler und führt zu niedrigeren Lagerbeständen, da das Bestellrhythmusverfahren grundsätzlich von einem gleichbleibenden Verbrauch ausgeht und in der Regel aus Sicherheitsgründen höhere Bestände voraussetzt.

Aufgabe 2
12 Punkte

a) [4]
- Der Markt schrumpft und der Umsatzrückgang kann auch durch gezielte Marketingmaßnahmen nicht abgefangen werden.
- Das Produkt verliert Marktanteile.
- Das Produkt erwirtschaftet keine Gewinne mehr, sondern produziert stetig wachsende Verluste.

b) [4]
- Produktelimination des Produktes (Produkt wird aus dem Sortiment entnommen.)
- Relaunch (Rekonsolidierung) des Produktes: Das Produkt wird erheblich modifiziert und neu positioniert. Zielsetzung dieser Maßnahme ist, dass das Produkt einen weiteren Produktlebenszyklus durchläuft.

c) [4]
- Einführungsphase
- Wachstumsphase
- Reifephase
- Sättigungsphase

Aufgabe 3
12 Punkte

a) [8]

Auf normalem Weg	Besonders sicher	Besonders schnell	Besonders preiswert
Standardbrief	verschiedene Arten von Einschreiben	Expressbrief	Infobrief
Kompaktbrief		(Kurierdienste)	Infopost
Großbrief	Nachnahme		Postwurfsendung
Maxibrief			

b) [4] Eine Postvollmacht regelt gegenüber einem Postunternehmen, welcher Bote anstelle des eigentlichen Empfängers oder Absenders Rechtsgeschäfte per Vollmacht ausführen darf und welchen Umfang selbige hat.

Aufgabe 4
10 Punkte

a) [2] Outsourcing bzw. Auslagerung bezeichnet die Abgabe von Unternehmensaufgaben und -strukturen an Drittunternehmen.

b) [4]
- Inanspruchnahme eines vielseitigen IT-Service-Angebotes stärkt die Betriebssicherheit
- Inanspruchnahme von Spezial-Know-how gewährleistet anhaltend hohes Niveau
- Professionalisierung bei der Durchführung von IT-Service-Leistungen
- Verbesserung der Wirtschaftlichkeit, Kostentransparenz im IT-Bereich

- kurzfristige Realisierung von IT-Service-Leistungen möglich
- u. a.

c) [4]
- Abhängigkeit vom Outsourcing-Anbieter, da meist langfristige Bindung
- nachlassende Wettbewerbsfähigkeit des Dienstleisters
- Weitergabe von Betriebs-Know-how in fremde Hände
- Abbau der betrieblichen IT-Qualifikation, dadurch erhöhtes Abhängigkeitsverhältnis
- Wirtschaftlichkeit kann durch spätere, leicht durchsetzbare Preiserhöhungen des Dienstleisters wieder sinken.
- Kurzfristige Lösung der Outsourcing-Beziehung oder Wechsel zu anderen Dienstleistern nur schwer möglich
- Outsourcing kann zu Personalabbau und dadurch zur Verschlechterung des Betriebsklimas führen.
- u. a.

Aufgabe 5
14 Punkte

a) [2] In Betrieben, in denen mindestens vier Mitarbeiter ständig in der automatischen Datenverarbeitung mit personenbezogenen Daten beschäftigt sind, ist ein Datenschutzbeauftragter zu bestellen.

b) [4] Aufgabe: Datenschutzbeauftragte haben die Aufgabe, für die Einhaltung der Datenschutz gesetze zu sorgen.
Rechtsstellung: Datenschutzbeauftrage sind im Rahmen der Ausübung ihrer Funktion frei von der Weisung der Geschäftsführung.

c) [8]
- Zugangskontrolle: Unbefugten ist der Zugang zur EDV-Anlage zu verwehren.
- Abgangskontrolle: Unbefugte Entfernung von Datenträgern ist zu verhindern.
- Speicherkontrolle: Die unbefugte Kenntnisnahme, Eingabe, Veränderung oder Löschung ist zu verhindern.
- Benutzerkontrolle: Das Abrufen von Daten durch Unbefugte ist zu verhindern.
- Eingabekontrolle: Es muss festgestellt werden können, von wem und wann Daten eingegeben wurden.
- Übermittlungskontrolle: Es muss überprüft werden können, zu welchen Stellen Daten übermittelt werden können.
- Organisationskontrolle: Die innerbehördliche oder innerbetriebliche Organisation ist so zu gestalten, dass sie den Anforderungen des Datenschutzes gerecht wird.

Aufgabe 6
12 Punkte

a) [2] Als Mitarbeiterfluktuation bezeichnet man den Anteil der freiwilligen dauerhaften Abgänge von Mitarbeitern an der durchschnittlichen Gesamtanzahl der Beschäftigten einer Periode.

b) [8]
- Kündigung von Mitarbeitern aufgrund von Unzufriedenheit
- Eintritt in den Ruhestand
- Mutterschutz/Elternzeit
- Tod eines Mitarbeiters
- Nichtübernahme von Auszubildenden
- Wechsel von höher qualifizierten Mitarbeitern in andere Abteilungen
- u. a.

c) [2] Netto-Personalbedarf = geplanter Personalbestand – aktueller Personalbestand + Summe der Abgänge – Summe der Zugänge

Aufgabe 7
12 Punkte

a) [8] <u>Anreise mit dem Flugzeug</u>
Vorteile:
- schnelle Verbindung bei weiten Entfernungen
- Serviceleistungen der Fluggesellschaften (z. B. Länderinformationen, Hotelreservierungen, VIP-Betreuung)
- Bordservice
- keine Staugefahr
- Reisezeit kann sinnvoll genutzt werden

Nachteile:
- umweltbelastend
- An- und Abfahrt zum Flughafen
- lange Eincheckzeiten
- Gepäckbegrenzung
- sehr teuer
- witterungsabhängige Flugverspätungen oder Flugausfälle

<u>Anreise mit der Bahn</u>
Vorteile:
- umweltfreundlichste Reiseform
- relativ preisgünstig

- bequemes und stressfreies Anreisen (keine Staugefahr)
- Reisezeit kann optimal genutzt werden (z. B. für Besprechungen, Arbeiten, Ruhen)
- Serviceleistungen der Deutschen Bahn können genutzt werden (z. B. Konferenzabteil, Schlafwagen, Speisesaal)

Nachteile:
- evtl. mehrmaliges Umsteigen erforderlich (Gepäck!)
- besonders in der Hauptreisezeit häufig Zugverspätungen mit der Gefahr, Anschlusszüge zu verpassen
- an feste Fahrtzeiten gebunden
- An- und Abfahrt zum Bahnhof

b) [4]
- Informationen über spezielle Landessitten (z. B. aus dem „Knigge International", Länderinformationen der Fluggesellschaften, Informationen der Industrie- und Handelskammern)
- Visa beantragen
- gewisser Betrag Bargeld in ausländische Währung umtauschen

Aufgabe 8
12 Punkte

An alle, die weiterkommen möchten!

Stellenbeschreibung

Für den Vertrieb wird zum 1. Oktober

ein Reisender

gesucht.

Aufgabenbereich:

Kundenbesuche zur Vertragsanbahnung und zum Vertragsabschluss im eigenen Namen und auf Rechnung der BüKo GmbH.

Anforderungen:
- Mindestalter: 30 Jahre
- selbstständige Arbeitsweise
- Organisationstalent
- Flexibilität
- …

Wir bitten Sie, Ihre Bewerbung bis spätestens 1. Oktober in der Personalabteilung einzureichen. Die Angelegenheit wird vertraulich behandelt.

Die Personalabteilung
Jörg Meier

a) [4]
Weitere Anforderungen an den Bewerber, z. B.
- Mittlere Reife oder Abitur
- abgeschlossene kaufmännische Berufsausbildung
- fundierte EDV-Kenntnisse (Word, Excel, PowerPoint und Access)
- gute Ausdrucksfähigkeit
- gute Umgangsformen
- sicheres Auftreten
- Belastbarkeit
- Führerschein Klasse III
- Berufserfahrung
- Englisch-Kenntnisse
- Verkaufstalent
- u. a.

b) [8]
Fehler:
- „Stellenbeschreibung" statt „Stellenausschreibung"
- zu besetzende Stelle ist männlich und weiblich zu bezeichnen (Reisender/Reisende)
- Altersgrenze 30 Jahre bedeutet Altersdiskriminierung und ist deshalb nicht zulässig
- Einreichen der Unterlagen bis zum 1. Oktober, obwohl die Stelle am 1. Oktober bereits besetzt sein soll
- Vertragsabschlüsse im Namen der BüKo GmbH, nicht im eigenen Namen
- fehlende Jahreszahl beim Besetzungsdatum

Auswertung der Testergebnisse Bürowirtschaft

Jede Aufgabe ist mit den angegebenen Punkten zu bewerten. Die einzelnen Punkte werden addiert. In jeder Klausur können maximal 100 Punkte erreicht werden.

Ab der Note 4,6 gilt die Prüfung als nicht bestanden. Die Note ergibt sich durch Zuordnung der erzielten Punktzahl in die folgende Tabelle:

Punkte	Note	
100 – 99	1,0	
98 – 97	1,1	
96	1,2	
95	1,3	Note „Sehr gut“
94	1,4	
93 – 92	1,5	
91	1,6	
90	1,7	
89	1,8	
88	1,9	
87	2,0	
86	2,1	Note „Gut“
85	2,2	
84	2,3	
83	2,4	
82 – 81	2,5	
80	2,6	
79	2,7	
78	2,8	
77	2,9	
76	3,0	
75 – 74	3,1	Note „Befriedigend“
73 – 72	3,2	
71 – 70	3,3	
69 – 68	3,4	
67	3,5	

Punkte	Note	
66	3,6	
65	3,7	
64	3,8	
63 – 62	3,9	
61 – 60	4,0	
59 – 58	4,1	Note „Ausreichend“
57 – 56	4,2	
55 – 54	4,3	
53 – 52	4,4	
51 – 50	4,5	
49 – 47	4,6	
46 – 45	4,7	
44 – 43	4,8	
42 – 41	4,9	
40	5,0	
39	5,1	Note „Mangelhaft“
38 – 37	5,2	
36 – 35	5,3	
34 – 33	5,4	
32 – 30	5,5	
29 – 25	5,6	
24 – 20	5,7	
19 – 15	5,8	Note „Ungenügend“
14 – 10	5,9	
9 – 0	6,0	

1. Klausur

Lösungen Wirtschafts- und Sozialkunde

Aufgabe 1	4
Aufgabe 2	2
Aufgabe 3	2
Aufgabe 4	5
Aufgabe 5	5
Aufgabe 6	a) 3,33 [3,70 – 0,1 · 3,70 = 3,70 – 0,37] b) 1.598,40 [3,33 · 480]
Aufgabe 7	3
Aufgabe 8	5
Aufgabe 9	4
Aufgabe 10	4
Aufgabe 11	2
Aufgabe 12	1
Aufgabe 13	3, 3, 2
Aufgabe 14	5
Aufgabe 15	2, 4

Aufgabe 16	6, 1, 5
Aufgabe 17	5
Aufgabe 18	4
Aufgabe 19	5
Aufgabe 20	2
Aufgabe 21	3
Aufgabe 22	3
Aufgabe 23	5
Aufgabe 24	3
Aufgabe 25	5
Aufgabe 26	1, 13, 4, 3, 13
Aufgabe 27	4
Aufgabe 28	2
Aufgabe 29	4
Aufgabe 30	3

Aufgabe 1	2
Aufgabe 2	3
Aufgabe 3	4
Aufgabe 4	a) 3.551,45 CHF [145 · 20 + 1,45 · 435 + 2,30 · 9 = 2.900 + 630,75 + 20,70] b) 3.202,62 EUR $\left[\frac{3.551,45}{1,10892}\right]$ c) 130,76 EUR $\left[\frac{2.900,00/1,10892}{20}\right]$ d) 29,37 EUR $\left[\frac{651,45/1,10892}{20}\right]$ e) 160,13 [130,76 + 29,37]
Aufgabe 5	3
Aufgabe 6	2
Aufgabe 7	4
Aufgabe 8	5
Aufgabe 9	a) 1.200 Stk. [480 + 400 + 320] b) 1.320.000 EUR [1.200 · 1.100]
Aufgabe 10	3
Aufgabe 11	4
Aufgabe 12	2.610,00 EUR $\left[\frac{90.000 \cdot 5,8\,\%}{2}\right]$
Aufgabe 13	4
Aufgabe 14	5
Aufgabe 15	4

Aufgabe 16	2
Aufgabe 17	3
Aufgabe 18	4
Aufgabe 19	3, 5, 6
Aufgabe 20	2
Aufgabe 21	1, 3, 6
Aufgabe 22	4
Aufgabe 23	3
Aufgabe 24	3
Aufgabe 25	2
Aufgabe 26	3
Aufgabe 27	4
Aufgabe 28	5
Aufgabe 29	2
Aufgabe 30	1

Aufgabe 1	1
Aufgabe 2	5
Aufgabe 3	4
Aufgabe 4	1
Aufgabe 5	4
Aufgabe 6	1
Aufgabe 7	5
Aufgabe 8	4, 5, 2
Aufgabe 9	4
Aufgabe 10	85 % $\left[\frac{1.700 \cdot 100}{2.000}\right]$
Aufgabe 11	207,65 EUR $\frac{\left[117.000 + 88.000 + 48.000 + 100.000\right]}{600 + 400 + 200 + 500}$
Aufgabe 12	3,68 % $\left[\frac{100.000}{500} = 200;\right.$ 207,65 = 100 %; 207,65 – 200 = x; x = $\left.\frac{7,65 \cdot 100}{207,65} = 3,68\ \%\right]$
Aufgabe 13	3
Aufgabe 14	3
Aufgabe 15	4

Aufgabe 16	4, 4, 2, 3, 1
Aufgabe 17	3
Aufgabe 18	2
Aufgabe 19	1, 5, 2, 3, 4
Aufgabe 20	3
Aufgabe 21	4
Aufgabe 22	2
Aufgabe 23	4
Aufgabe 24	2
Aufgabe 25	1
Aufgabe 26	3
Aufgabe 27	4
Aufgabe 28	4
Aufgabe 29	4
Aufgabe 30	3

Aufgabe 1	3
Aufgabe 2	2
Aufgabe 3	5
Aufgabe 4	2
Aufgabe 5	1
Aufgabe 6	2
Aufgabe 7	3
Aufgabe 8	4
Aufgabe 9	3
Aufgabe 10	5, 4, 3
Aufgabe 11	3, 5
Aufgabe 12	3
Aufgabe 13	3
Aufgabe 14	4
Aufgabe 15	5

Aufgabe 16	2
Aufgabe 17	3
Aufgabe 18	5
Aufgabe 19	3, 6, 2
Aufgabe 20	2
Aufgabe 21	2
Aufgabe 22	2
Aufgabe 23	3
Aufgabe 24	4
Aufgabe 25	3
Aufgabe 26	4
Aufgabe 27	3
Aufgabe 28	5
Aufgabe 29	1, 2, 4
Aufgabe 30	3

5. Klausur

Aufgabe 1	3
Aufgabe 2	4
Aufgabe 3	2
Aufgabe 4	4
Aufgabe 5	2
Aufgabe 6	1
Aufgabe 7	3
Aufgabe 8	4
Aufgabe 9	3
Aufgabe 10	3
Aufgabe 11	2
Aufgabe 12	4
Aufgabe 13	4
Aufgabe 14	3
Aufgabe 15	3

Aufgabe 16	2
Aufgabe 17	5
Aufgabe 18	5, 7
Aufgabe 19	1
Aufgabe 20	5
Aufgabe 21	3
Aufgabe 22	4
Aufgabe 23	3
Aufgabe 24	4
Aufgabe 25	3
Aufgabe 26	14, 6, 11, 8, 9
Aufgabe 27	4
Aufgabe 28	4
Aufgabe 29	2
Aufgabe 30	3

Auswertung der Testergebnisse Wirtschafts- und Sozialkunde

Jede Aufgabe wird mit 3,33... Punkten bewertet $\left(\frac{100}{30}\right)$. Aufgaben mit mehreren Antworten werden anteilig bewertet.

Bsp. Klausur A, Aufgabe 13: zwei Antworten richtig, eine falsch: $\frac{2}{3}$ von 3,33... Punkten ergibt 2,22... Punkte.

Ab der Note 4,6 gilt die Prüfung als nicht bestanden. Die Note ergibt sich durch Zuordnung der erzielten Punktzahl in die folgende Tabelle:

Punkte	Note	
100 – 99	1,0	
98 – 97	1,1	
96	1,2	Note „Sehr gut“
95	1,3	
94	1,4	
93 – 92	1,5	
91	1,6	
90	1,7	
89	1,8	
88	1,9	
87	2,0	Note „Gut“
86	2,1	
85	2,2	
84	2,3	
83	2,4	
82 – 81	2,5	
80	2,6	
79	2,7	
78	2,8	
77	2,9	
76	3,0	Note „Befriedigend“
75 – 74	3,1	
73 – 72	3,2	
71 – 70	3,3	
69 – 68	3,4	
67	3,5	

Punkte	Note	
66	3,6	
65	3,7	
64	3,8	
63 – 62	3,9	
61 – 60	4,0	Note „Ausreichend“
59 – 58	4,1	
57 – 56	4,2	
55 – 54	4,3	
53 – 52	4,4	
51 – 50	4,5	
49 – 47	4,6	
46 – 45	4,7	
44 – 43	4,8	
42 – 41	4,9	
40	5,0	Note „Mangelhaft“
39	5,1	
38 – 37	5,2	
36 – 35	5,3	
34 – 33	5,4	
32 – 30	5,5	
29 – 25	5,6	
24 – 20	5,7	
19 – 15	5,8	Note „Ungenügend“
14 – 10	5,9	
9 – 0	6,0	

A

B

C

D

E

Bildquellenverzeichnis

Bildungsverlag EINS GmbH, Köln: S. 79.1

Umschlagfoto: Fotolia Deutschland GmbH, Berlin (Kurhan)